Papyros Ebers.

Das

ältteste Buch über Heilkunde.

Aus dem Aegyptischen zum erstenmal
vollständig übersetzt

von

Dr. med. H. Joachim,
pract. Arzt in Berlin.

Berlin.
Druck und Verlag von Georg Reimer.
1890.

ISBN 3 11 004564 8

Seinem treuen Berather

Herrn Prof. Dr. Lieblein in Christiania

in dankbarer Verehrung

gewidmet.

Vorwort.

Bei der Abfassung dieses Buches, das hauptsächlich für das ärztliche Publikum bestimmt ist, war es mein Hauptbestreben, dem Leser eine möglichst wörtliche Uebersetzung zu liefern. Das unbedingte Festhalten an einer wortgetreuen Uebertragung erschien mir um so mehr nothwendig, als gar manche Worte und Stellen unseres Papyrus bisher unklar sind. Auf diese Weise soll dem Leser eine eventuelle Mitarbeiterschaft ermöglicht werden, insofern er nunmehr selbst in der Lage ist, die unsicheren Stellen, — die durch ein Fragezeichen oder eine dahingehende Bemerkung kenntlich gemacht sind — zu prüfen und eventuell zu erklären. Um ihm das zu erleichtern, habe ich in den Anmerkungen die Grundbedeutung der unklaren Worte angegeben, bisweilen auch, wo es mir möglich war, selbst eine Erklärung versucht. Dass einer solchen Uebersetzung — noch dazu aus dem Aegyptischen ins Deutsche — hinsichtlich des Ausdruckes gar manche Mängel anhaften, ist wohl nicht zu verwundern; es liegt das eben in der Sache selbst, und ich bitte deshalb bei der Beurtheilung um gütige Nachsicht.

Es bedarf einigermaassen der Erklärung, dass ich als Arzt mit einer Uebersetzung des Papyrus Ebers hervortrete. Als ich vor mehreren Jahren anfing, mich mit der Medicin der alten Aegypter zu befassen, vermisste ich vor allem eine Uebersetzung der bereits aufgefundenen medicinischen Papyri; denn was uns die griechischen und römischen Schriftsteller über die Medicin dieses alten Kulturvolkes überliefert haben, ist doch nur sehr geringfügig. Je länger ich mich mit diesen Papyri speciell mit dem Papyrus Ebers, über den wir ja durch Ebers noch verhältnissmässig die meisten Nachrichten haben, beschäftigte, um so dringender hegte ich den Wunsch, dieses alte, werthvolle Schriftstück selbst zu verstehen und eventuell auch weiteren Kreisen zugänglich zu machen. So fing ich selbst an, die ägyptische Sprache zu studiren, und war nach längerem Studium grammatisch so weit vorgebildet, dass ich an eine Uebertragung dieses Papyrus herangehen konnte. Die Schwierigkeiten, die dabei zu überwinden waren, waren ungemein gross; indessen das Interesse, das der Inhalt bot und die Ermunterung und Unterstützung, die mein Vorhaben von vielen Seiten erfuhr, halfen über manche Mühen und Arbeiten hinweg.

Ich kann dieses Vorwort nicht schliessen, ohne meines treuen Berathers und Mitarbeiters, des Herrn Professor Lieblein in Christiania zu gedenken. Derselbe, Aegyptologe an der dortigen Universität, hat mir nicht nur seine vor längerer Zeit veröffentlichten Auszüge aus dem Papyrus Ebers in uneigennützigster Weise zur Verfügung gestellt, sondern mich auch sonst bei der Uebersetzung mit Rath und That unterstützt. Ich sage ihm dafür auch von dieser Stelle aus im Namen unserer Wissenschaft meinen verbindlichsten Dank. Dank auch Herrn Stud. Spiegelberg, der mich bei der Entzifferung einiger schwieriger Stellen in bereitwilligster Weise unterstützt hat.

Zusätze von Prof. Lieblein sind durch den Buchstaben L. angedeutet.

Statt χet'-Pflanze ist durch die ganze Uebersetzung χet-Pflanze zu lesen.

Zur Orientirung des Lesers habe ich eine kurze Einleitung der Uebersetzung vorangeschickt; in derselben ist auch die Erklärung einiger ägyptischer Krankheitsnamen versucht worden. Ein angefügtes Register soll die Benutzung dieses Buches erleichtern.

Wenn ich mit dieser Arbeit zur Anregung des Studiums der Geschichte der Medicin auch in weiteren ärztlichen Kreisen beitragen würde, wäre meine Absicht vollkommen erreicht.

Berlin, Ende September 1890.

Heinrich Joachim.

Einleitung.

Der ungeahnte Aufschwung, den die altägyptische Forschung in unserem Jahrhundert genommen hat, ist auch für die Kenntniss der Medicin dieses ehrwürdigen Kulturvolkes nicht ganz ohne Wirkuug geblieben. Wir sind nicht mehr wie vordem auf die wenigen, sehr dürftigen und ungenauen Angaben griechischer und römischer Schriftsteller angewiesen, sondern sind heut in der Lage, aus erster Quelle zu schöpfen und können uns so aus den Originalschriften — man nennt diese bekanntlich nach dem Material, auf dem sie geschrieben sind, Papyri — ein ungefähres Bild von den medicinischen Leistungen dieser Nation machen.

Derartiger, mehr oder minder werthvoller, medicinischer Papyri besitzen wir bereits eine ganze Reihe; doch sind sie für uns Aerzte bis jetzt ein Buch mit sieben Siegeln geblieben. Die wichtigsten von ihnen sollen hier kurz besprochen werden.

1. Das Berliner Museum besitzt einen grösseren und einen kleineren Papyrus Brugsch. Der erstere stammt aus dem 14. Jahrhundert v. Chr., besteht aus 21 Seiten und ist (von Passalacqua entdeckt) von Brugsch herausgegeben worden [1]). Bisher ist er noch nicht übersetzt, doch besitzen wir von verschiedenen Aegyptologen genauere Mittheilungen über ihn [2]).

[1]) Recueil de Monuments égyptiens. Abth. II., Tafel 85—107.

[2]) a. Brugsch. Allgemeine Monatsschr. für Wissensch. und Litteratur vom Jahre 1853, S. 44—56.

b. Brugsch. „Notice raisonnée d'un traité médical datant du XIVième siècle avant notre ère et contenu dans un papyrus hiératique du musée royal de Berlin.“ Leipzig 1863.

Der kleinere medicinische Papyrus besteht aus 15 Seiten; über ihn wissen wir vorläufig nichts.

2. Der Papyrus des British Museum; er ist 18 cm breit und 2,5 m lang und stammt wahrscheinlich aus der Zeit der 18. Dynastie. Er ist bis heut noch nicht einmal edirt und von seinem Inhalt wissen wir daher auch heute noch so gut wie nichts. Eine kurze Notiz über ihn findet sich in einem von dem englischen Aegyptologen S. Birch[1]) herrührenden Artikel.

3. Ausserdem finden sich Texte von magisch-medicinischem Inhalt im Museum zu Leyden, Turin, Boulaq und Paris; doch sind sie für die Kenntniss der alt-ägyptischen Medicin nur von geringem Belang.

4. Der Papyrus Ebers, der jetzt in der Leipziger Universitätsbibliothek aufbewahrt wird. Er übertrifft durch den Reichthum seines Inhalts, seine Vollständigkeit und Fehlerlosigkeit an Wichtigkeit alle anderen medicinischen Papyri; er ist der grösste, am schönsten geschriebene und am besten erhaltene medicinische Papyrus und wurde von Ebers im Winter 1872/73 bei seinem Aufenthalt in Aegypten von einem Bürger in Luqsor erworben.

Er ist 30 cm hoch und 20,23 m lang; von Ebers ist er im Jahre 1875 in eleganter Ausstattung herausgegeben und so auch weiteren Kreisen zugänglich gemacht worden[2]). Abgefasst ist er in hieratischer[3]) Schrift und besteht aus 108 Seiten; auf

---

c. Chabas. „La médecine des anciens Egyptiens; antiquité des clystères; signes de la grossesse.“ Mélanges égyptologiques. Paris 1862, S. 55—79.

d. Le Page Renouf. Zeitschr. für ägypt. Sprache und Alterthumskunde. 1873, S. 123—125. [Ein in dem genannten Papyrus beschriebenes Schwangerschaftszeichen findet sich, wie R. zuerst gefunden hat, wortgetreu bei Hippocrates.]

[1]) Zeitschr. für ägypt. Sprache und Alterthumskunde. 1871, S. 61—64.

[2]) „Papyros Ebers. Das hermetische Buch über die Arzneimittel der alten Aegypter in hieratischer Schrift. Herausgegeben mit Inhaltsangabe und Einleitung versehen von Georg Ebers. Mit hieroglyphisch-lateinischem Glossar von Ludwig Stern.“ 2 Bände. Leipzig. 1875.

[3]) Man hat bei den Aegyptern 3 Schriftarten zu unterscheiden:

1. Die hieroglyphische; sie ist die älteste und findet sich vorzugsweise auf Monumenten und in Texten religiösen Inhalts.

2. Die hieratische, die schon sehr früh aus der Abkürzung

jeder Seite stehen — mit wenigen Ausnahmen — 20 bis 22 Zeilen. Wohl durch ein Versehen des Schreibers ist bei der Nummerirung die Zahl 28 und 29 übergangen worden, so dass auf Seite 27 — ohne Unterbrechung des Textes — unmittelbar Seite 30 folgt; die letzte Tafel des Papyrus schliesst also nicht mit 108, sondern mit der Zahl 110.

Auf der Rückseite der ersten Tafel findet sich ein Kalender, aus dem Ebers die Entstehungszeit der Handschrift zu bestimmen versuchte. Dieser Kalender, und besonders der auf demselben genannte König Ba-gerḥ-Rā[1]), hat der Entzifferung grosse Schwierigkeiten bereitet; Ebers hat aus den in demselben gemachten Zeitangaben die Abfassung des Papyrus auf die Jahre 1553—1550 v. Chr. verlegt. „Mit einer an Gewissheit grenzenden Wahrscheinlichkeit“, sagt er in der Einleitung[2]) zu seinem Papyrus und hält diesen Ausspruch auch in seiner vorjährigen Abhandlung[3]) über die Augenkrankheiten aufrecht, „darf behauptet werden, dass Papyros Ebers in der Mitte des 16. Jahrhunderts v. Chr. geschrieben worden sei“. Ob er auch in dieser Zeit entstanden ist, ist eine Frage, auf die wir weiter unten zurückkommen werden.

Was haben wir unter dem Papyrus Ebers zu verstehn? Sein Herausgeber erklärt ihn für das von Clemens Alexandrinus erwähnte Buch περὶ φαρμάκων und hält diese Meinung auch in der eben genannten, jüngsten Arbeit über seinen Papyrus aufrecht. Bekanntlich berichtet Clemens Alexandrinus[4]), der im 2. Jahrhundert p. Chr. lebte und als einer der besten Kenner Aegyptens zu betrachten ist, dass dort 42 hermetische[5]) Bücher bestanden hätten, von denen 36 über Philosophie, die übrigen 6 aber über Medicin handelten und folgendermaassen lauteten:

---

der hieroglyphischen Zeichen von den heiligen Schreibern gebildet wurde; man bediente sich ihrer fast ausschliesslich beim Schreiben auf Papyrus.

3. Die demotische (Volksschrift), die erst aus der Abkürzung des Hieratischen entstanden ist; sie ist nicht vor dem 8. Jahrhundert v. Chr. in Gebrauch gewesen.

[1]) Nach Ebers. Op. cit. Einleitung. S. 8. Biχeris, der 6. (?) König der 4. Dynastie.

[2]) Seite 3.

[3]) Papyros Ebers. Die Maasse und das Kapitel über die Augenkrankheiten. Von Georg Ebers. Leipzig. 1889.

[4]) Stromata. Lib. VI. S. 758. Edid. Potter.

[5]) D. h. dem Gotte Thoth (Hermes) geweiht.

1) περὶ τῆς τοῦ σώματος κατασκευῆς.
2) περὶ νόσων.
3) περὶ ὀργάνων.
4) περὶ φαρμάκων.
5) περὶ ὀφθαλμῶν.
6) περὶ τῶν γυναικίων (νόσων).

Diese Ansicht des gelehrten Forschers, dass der Papyrus Ebers also das von Clemens Alexandrinus genannte Buch περὶ φαρμάκων sei, kann ich durchaus nicht theilen. In einem so betitelten Werke sucht der Arzt eine Abhandlung über die einzelnen Arzeneimittel, ihre Wirkung, ihre Anwendung, ihre schädlichen Folgen etc. Dem entspricht der Inhalt des Papyrus keineswegs; er handelt vielmehr von Organ-, besonders Magen-Krankheiten, von Augen-, Frauen-Krankheiten und vom Bau des menschlichen Körpers. Ich glaube daher, dass wir unter dem Papyrus Ebers eine Art medicinisches Compendium zu verstehn haben; dass er damit an seinem Ansehn und seiner Wichtigkeit, insbesondere für die Geschichte der Medicin nichts verliert, bedarf wohl kaum der Erwähnung.

Hieran schliesst sich unmittelbar die Frage, ob unser Papyrus eine Originalproduction sei. Lepsius[1]) und mit ihm wohl die meisten Aegyptologen erklären ihn für eine blosse Abschrift. Auf die Gründe, die der gelehrte Forscher für seine Ansicht angeführt hat, soll hier nicht weiter eingegangen werden. Dass wir aber in der That in dieser Handschrift nur eine Copie vor uns haben, dafür lassen sich aus dem Papyrus selbst positive Beweise erbringen. An einigen Stellen, nämlich Tafel 18, Zeile 1; Tafel 89, Zeile 1 und Tafel 90, Zeile 3, finden wir mitten im Text mit rother Tinte die Worte qem-šen = „gefunden zerstört“. Was soll dieser Ausspruch in einem Originalwerk? Ferner finden sich einige Abschnitte, mit nur geringen Varianten, wiederholt; vergleiche hierzu

Tafel 37, Zeile 10 bis Tafel 38, Zeile 3 und Tafel 38, Zeile 10 bis Tafel 39, Zeile 2; Tafel 25, Zeile 3-8 und Tafel 52, Zeile 1-7.

Ausserdem kehren — durchaus nicht selten — dieselben Recepte an verschiedenen Stellen und für verschiedene Leiden wieder.

Die Art und Weise, wie diese Handschrift entstanden ist, kann man sich mit Ebers[2]) am besten so erklären, „dass

[1]) Zeitschr. f. ägypt. Spr. und Alterthumsk. 1875. S. 148.
[2]) Cfr. Einleitung. S. 15.

unser Hierogrammat verschiedene kleinere Schriften zu einer zu verbinden hatte und ohne auf den Sinn zu achten, abschreibend, einige Stücke von gleichem Inhalte copirte" und, wie wir hinzufügen wollen, etwa in diesen Schriften vorhandene Lücken eben durch das oben erwähnte „qem-šen" bemerkbar machte.

Der Papyrus ist sicher benutzt worden; kleine Ungenauigkeiten im Text sind, wie ich vermuthe, nachträglich beim Gebrauch, bisweilen sogar, wie man deutlich unterscheiden kann, mit blasserer Tinte, als mit der der Papyrus geschrieben ist, häufig verbessert worden. Am Rande der Tafeln finden sich bisweilen kurze Bemerkungen; so ist — wahrscheinlich von einem späteren Benutzer — am Rand von Tafel 40 mit blasser, vom Original abweichender Tinte dreimal das Wort „nefr = gut" hinzugefügt; auf Tafel 41 finden sich am Rande die Worte „nefr år = gut zu bereiten".

Was nun das eigentliche Alter des Papyrus betrifft, so glaube ich nicht, ob es jemals gelingen wird, dasselbe annähernd zu bestimmen. Derselbe ist ja, wie wir oben erörtert haben, aus verschiedenen kleineren Schriften zusammengesetzt, und es ist damit wohl auch die Annahme begründet, dass die einzelnen Theile, die den Papyrus bilden, ganz verschiedenen Zeitepochen angehören. Dafür spricht in mancher Beziehung auch das grammatische Studium unserer Handschrift. Dass einzelne Abschnitte ein besonders hohes Alter haben und in ihrer Entstehung vielleicht bis in die graue Vorzeit hineinreichen, ist mir nicht zweifelhaft. Hierher rechne ich z. B. Tafel 46, Zeile 10 bis Tafel 47, Zeile 10; Tafel 47, Zeile 12; Tafel 66, Zeile 15—18 und Tafel 103, Zeile 1—3.

Fassen wir das Resultat unserer allgemeinen Betrachtungen kurz zusammen, so darf wohl mit Recht behauptet werden, dass wir in dem Papyrus Ebers eine Art medicinisches Compendium oder Sammelwerk vor uns haben, das spätestens um 1550 v. Chr. niedergeschrieben ist, das aber in seinen einzelnen Theilen verschiedenen, mehr oder weniger älteren Zeitepochen angehört.

Wenn wir uns nach diesen allgemeinen Bemerkungen zum Inhalt des Papyrus wenden, so sind es zunächst die Maasse und Gewichte, die unsere Aufmerksamkeit in Anspruch nehmen. Ich kann mich über diesen Gegenstand um so kürzer fassen, zumal wir darüber etwas Sicheres noch nicht wissen. Auch die von Ebers im vorigen Jahre veröffentlichte Abhandlung über die Maasse und Gewichte im Papyrus Ebers hat uns darüber noch nicht volle Klarheit gebracht; so geistreich auch die Bemerkungen des gelehrten Forschers über diesen Punkt sind — und er hat sich darüber mit gewohntem Scharfsinn sehr eingehend geäussert —, so ist ein vollgültiger Beweis für seine Auffassung noch nicht erbracht. Verschiedene bedeutende Aegyptologen, wie Lieblein in Christiania und Erman an der hiesigen Universität, meinten, dass die von Ebers gegebene Erklärung bis jetzt nichts weiter sei als eine allerdings ausserordentlich geistreiche Hypothese.

Was die Umschrift betrifft, so bin ich dabei den Intentionen meines treuen Berathers, des Prof. Lieblein in Christiania, gefolgt.

Das ägyptische Alphabet:

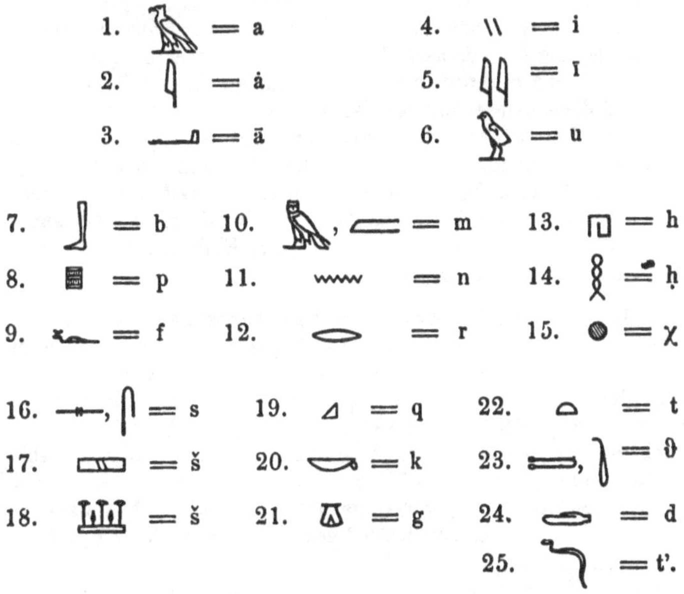

Von Vocalen[1]) kennt also die Hieroglyphenschrift nur a, i und u; wo in der Uebersetzung andere gebraucht werden,

[1]) D. h. Vocalen in unserem Sinne.

geschah es lediglich in der Absicht, die Aussprache des betreffenden Wortes zu ermöglichen. So werden häufig „besbes-Körner“ = Fenchel verordnet; im ägyptischen Text heissen sie nur „bsbs“; nur um das Wort aussprechen zu können, sind die genannten Vocale eingefügt.

Die Bezeichnung der ägyptischen Worte ist, um auch das hier wenigstens kurz zu erwähnen, eine sehr genaue; zu einer Gruppe von Zeichen, die zusammen die Laute des gesprochenen Wortes ausdrücken, pflegt ein Bild zu treten, das den Gegenstand näher charakterisiren soll; das ist das sogenannte Determinativum. So heisst z. B. die Sycomore ägyptisch: neht, geschrieben mit dem Bild des Baumes; der Wein: årp mit einem Krug als Bestimmungszeichen. Es liegt auf der Hand, dass dadurch die Erklärung der einzelnen ägyptischen Worte ungemein erleichtert wird.

Diese erläuternden Bemerkungen glaubten wir zur Orientirung des Lesers voranschicken zu müssen; wer sich über den Papyrus, seine Herkunft etc. genauer unterrichten will, sei hiermit auf die oben erwähnten Arbeiten von Ebers[1]) verwiesen.

Um den fortlaufenden Text der Uebersetzung nicht durch längere Auseinandersetzungen zu unterbrechen, sollen einige ägyptische Namen bereits an dieser Stelle erklärt und commentirt werden; in der Uebersetzung selbst wird an den betreffenden Stellen unter der Bezeichnung „cfr. Einleitung“ auf diese Bemerkungen verwiesen werden.

1. Die āaā-Krankheit = Chlorosis aegyptiaca.

In der ersten Hälfte unseres Papyrus wird unter diesem Namen eine Krankheit häufig erwähnt, die — aus der grossen Anzahl der für dieses Leiden angegebenen Recepte zu schliessen — im alten Aegypten eine grosse Verbreitung gehabt haben muss; auch im Papyrus Brugsch finden wir sie wieder. Zahlreiche Vermuthungen sind bereits über ihre Natur — meist jedoch von Aegyptologen — geäussert worden, ohne dass es bisher gelungen wäre, eine befriedigende Erklärung dafür zu geben.

---

[1]) a. Papyros Ebers. Das hermetische Buch über die Arzeneimittel der alten Aegypter in hieratischer Schrift. Bd. I. Einleitung. Leipzig 1875.

b. Die Maasse und das Kapitel über die Augenkrankheiten. Leipzig 1889. Cfr. Hirschberg. „Ueber die Augenheilkunde der alten Aegypter.“ Leipzig. 1890.

Um eine genauere Bestimmung zu treffen, stellte ich zunächst alle diejenigen Stellen unseres Papyrus zusammen, an denen die äaä-Krankheit beschrieben und erwähnt wird. Es würde zu weit führen, diese Zusammenstellung an dieser Stelle zu wiederholen; Jeder, der die Uebersetzung zur Hand nimmt, ist ja durch das angefügte Register sehr leicht im Stande, diese Stellen in Kürze zu sammeln. Anfänglich glaubte ich aus dem ganzen Bilde — es handelt sich, wie in der Handschrift ausdrücklich erwähnt wird, um eine Krankheit des Leibes — auf eine cholera- oder ruhrartige Erkrankung schliessen zu können, um so mehr als ja grade die Dysenterie in südlichen Ländern, speciell in Aegypten, auch heut noch ungemein häufig auftritt. Dagegen sprach allerdings gar mancherlei. Ich will hier auf die vielen Bedenken nicht weiter eingehn; nur zwei Punkte sollen in aller Kürze angeführt werden. Die alten Aegypter waren vorzügliche Beobachter und es wäre doch auffallend, dass sie in der Bezeichnung das markanteste Symptom der beiden genannten Krankheiten, nämlich die Diarrhoë, ganz unberücksichtigt gelassen haben sollten. Weiter aber schloss ich aus der bei diesem Leiden nicht selten erwähnten Verordnung „gleich nach dem Zubettgehen einzunehmen", dass der Patient dabei nicht bettlägerig war — was ja bei Cholera und acuter Dysenterie selbstverständlich ist —, dass es sich mithin um eine — wie wir heute sagen würden — chronische Krankheit gehandelt hat. Damit waren von vornherein Cholera und Ruhr absolut auszuschliessen.

Nun ergab aber andrerseits eine genauere Untersuchung aller derjenigen Stellen, an denen das genannte Wort vorkommt, dass die äaä-Krankheit ohne Zweifel mit Würmern in Verbindung zu bringen ist, eine Ansicht, die vor mir schon Scheuthauer[1]) ausgesprochen hat. Die betreffende Stelle findet sich auf Tafel 19 des Papyrus; dort[2]) wird ein vorzügliches Mittel zum Gebrauch für den Leib eines Kranken verordnet, „der in seinem Leib Würmer hat, die von der äaä-Krankheit hervorgebracht sind". Aus meiner Zusammenstellung konnte ich ferner schliessen, dass es sich um ein im alten Aegypten sehr häufig vorkommendes, chronisches, gefährliches Leiden des Verdauungsapparates gehandelt haben muss, das schwere Stö-

---

1) Virchow's Archiv. Bd. 85. S. 343—354.
2) Cfr. die nachfolgende Uebersetzung S. 13.

rungen von Seiten der Circulationsorgane, besonders des Herzens, im Gefolge hatte. Diesem kurz skizzirten Symptomencomplex entspricht ziemlich genau die durch das Ankylostomum duodenale veranlasste Chlorosis aegyptiaca, die nach den übereinstimmenden Mittheilungen sachverständiger Forscher wie Pruner-Bey[1]), Bilharz[2]) und Griesinger[3]) auch noch heutigen Tages in Aegypten ausserordentlich häufig ist. „Wir halten es für eine nur sehr mässige Schätzung", sagt der letztgenannte Autor, „wenn wir annehmen, dass der 4. Theil der egyptischen Bevölkerung in höherem oder geringerem Grade an dieser Krankheit — Chlorosis aepyptiaca — leidet".

Interessant und zugleich sehr lehrreich für mich war, dass in einer der neusten Arbeiten über diesen Gegenstand von Lutz[4]) ein Theil der in unserem Papyrus erwähnten Symptome, insbesondre diejenigen von Seiten des Herzens, fast mit denselben Worten wiedergegeben werden; den „Herzpalpitationen[5])", dem „Schmerzgefühl" in der Herzgegend, das „bald als dumpfes Drücken, bald als entschiedenes Stechen und Brennen" angegeben wird, entspricht in unserer Handschrift „die Herzschwäche, Herzpalpitationen und die Herzstiche". Es lehrt somit ein Vergleich beider Stellen, dass die alt-ägptischen Aerzte auch gut zu beobachten verstanden.

Ich will allerdings nicht verschweigen, dass das Zeichen, mit dem das Wort āaā determinirt ist, nämlich der Phallus, wenn auch nicht grade dagegen, so doch auch nicht für unsere Ansicht zu sprechen scheint. Indess hat z. B. auch das Wort āa = Esel das Determinativzeichen des Phallus, ohne dass wir — nach unseren heutigen Vorstellungen — eine genügende Erklärung dafür abgeben könnten; möglich also, dass auch die alten Aegypter mit diesem Zeichen einer — für uns heute — unverständlichen Theorie Ausdruck geben wollten. Auf der andern Seite aber kommt es nach den Beobachtungen von

---

1) Die Krankheiten des Orients. S. 244.

2) Beitrag zur Helminthographia humana. Zeitschr. für wissensch. Zoologie. Bd. IV. 1853. S. 53.

3) Klinische und anatomische Beobachtungen über die Krankheiten von Egypten. Archiv für physiol. Heilkunde. Bd. 13. S. 556.

4) Ueber Ankylostoma duodenale und Ankylostomiasis. Sammlung klin. Vorträge von Volkmann. Nr. 255—256. S. 47.

5) Ich citire möglichst wörtlich.

Lutz[1]) in schweren Fällen von Chlorosis aegyptiaca beim männlichen Geschlecht zur Impotenz, bei Frauen kommt es dabei nur sehr selten zur Schwangerschaft; ferner verzögert sich die Pubertätsentwickelung dabei um Jahre und Monate. Es wäre also vielleicht denkbar, dass die Aegypter mit dem Determinativzeichen des Phallus auf diese Erscheinung aufmerksam machen wollten.

Nach alledem ist wohl der von mir gezogene Schluss gerechtfertigt, dass wir unter der āaā-Krankheit die durch das Ankylostomum duodenale veranlasste Chlorosis aegyptiaca zu verstehn haben.

2. pend-Wurm = Taenia mediocanellata.

Der Stamm pen bedeutet: se déplisser, sich entfalten; das Determinativum weist auf einen Wurm hin. Nun berichtet bereits Plinius[2]), dass bei den Bewohnern von Aegyptern Taenien vorkommen, und auch die Berichte von Pruner-Bey, Bilharz und Griesinger[3]) stimmen mit dieser Angabe überein. Da nun die alten Aegypter das Schweinefleisch verschmähten, die Taenia solium aber durch den Genuss dieses Fleisches vom Menschen erworben wird, so glaube ich, dass wir unter dem pend-Wurm nur die Taenia mediocanellata zu verstehn haben.

3. ḥeft-Wurm = Ascaris lumbricoides.

Der Stamm ḥeft bedeutet: sich hinstrecken, sich winden, kriechen; das Determinativum weist ebenfalls auf einen Wurm. Nun kommt der ḥeft-Wurm in unserer Handschrift oft mit dem pend-Wurm vor, und da dieser letztere die T. mediocanellata bezeichnet, so lag es nahe, auch den ḥeft-Wurm mit einem Bandwurm in Verbindung zu bringen. Dass dies indes nicht richtig ist, zeigt uns Tafel 66, Zeile 1; dort wird als Mittel graues Haar zu vertreiben neben anderen Substanzen auch „dunkler, schwarzer ḥeft-Wurm" verordnet. Daraus folgt für jeden Arzt, dass dieses Wort nicht etwa mit Bandwurm übersetzt werden darf. Ich bin indes bei diesem negativen Ergebnis nicht stehn geblieben, sondern bin noch einen Schritt weiter gegangen. Auf die eben angeführte nähere Charakteri-

---

[1]) Op. cit. S. 55.

[2]) Cai Plinii secundi Naturalis historia. Lib. XXVII. Cap. 119.

[3]) Cfr. die Seite XVI erwähnten Arbeiten.

sirung des ḥeft-Wurmes passt genau Ascaris lumbricoides; dafür spricht, dass grade dieser Eingeweidewurm in Aegypten auch noch heutigen Tages sehr häufig angetroffen wird, und sich auch im Papyrus Ebers eine grosse Anzahl von Recepten zum Vertreiben dieses Wurmes finden. Nun wird allerdings in einem Recept die Wurzelrinde des Granatapfelbaumes gegen den ḥeft-Wurm empfohlen und danach könnte es scheinen, als wenn meine Auslegung eine irrige wäre. Indes die oben angeführte Stelle von dem dunkelbraunen, schwärzlichen ḥeft-Wurm spricht ganz entschieden gegen Bandwurm und für Ascaris lumbricoides.

4. Ro-âb = Herzgrube, Herz-, Magen-Gegend.

Die wörtliche Uebersetzung lautet: Oeffnung oder oberer Theil des Herzens (Magens). Nun ist dafür die Uebersetzung Cardia resp. Pylorus vorgeschlagen worden, wie mir scheint mit Unrecht. Denn erstens glaube ich nicht, dass die alten Aegypter bereits die Cardia oder den Pylorus gekannt haben. Zweitens aber werden auf Tafel 43 zur Vertreibung der Verhärtung am ro-âb[1]) Pflaster zur äusserlichen Anwendung empfohlen; ägyptisch: ut ḥeres = damit bepflastern, ein Wort, das nach Lüring[2]) „nur verwandt wird, wenn es sich um äusserliche Körpertheile handelt“. Ich schlage deshalb die Uebersetzung Herzgrube (scrobiculus cordis), Herzgegend, Magengegend vor; auch Lüring[3]) spricht sich in der genannten Dissertation gegen Cardia und Pylorus aus und übersetzt ro-âb mit „Nabel, Nabelgegend, Herzgrube“.

5. Die uḥa-Krankheit.

Der Stamm uḥa bedeutet: vernichten, verheeren. Die Krankheit kommt fast nur im Leib vor, ist ein chronisches, Männer und Frauen ergreifendes Leiden, zu dessen Beseitigung meist äusserliche Mittel angewandt wurden; daneben wurden auch innerliche Mittel, oft „warm einzunehmen“, verordnet. Ausserdem kommt die Erkrankung auch „in jedem Glied“ und „im Fleisch (Körper) einer Person“ vor; an einer Stelle wird ferner „die wirkliche uḥa-Krankheit“ erwähnt, was meiner Ansicht nach soviel wie uḥa-Krankheit im Leib zum Unterschied

---

[1]) Cfr. Uebersetzung S. 50.

[2]) Die über die medicin. Kenntnisse der alten Aegypter berichtenden Papyri etc. Strassburger Dissert. 1888. S. 74.

[3]) Op. cit. S. 74.

von demselben Leiden „in jedem Glied" bedeutet. Einen gewissen Anhalt für die Bestimmung gaben mir zwei Stellen, an denen die uḥa-Krankheit — überhaupt zum ersten Mal in unserem Papyrus — erwähnt wird; sie finden sich auf Tafel 23 [1]). Das eine Mal werden Abführmittel gegen die dabei bestehende hartnäckige Obstipation ausdrücklich verordnet; an der andern heisst es von ihr, dass sie „schwer drückend im Körper liegt". Danach scheint es mir, als wenn unter uḥa-Krankheit die bei der Chlorosis aegyptiaca so häufige chronische Obstipation und Meteorismus des Unterleibes zu verstehn ist. „Die Verstopfung", sagt Lutz [2]), „ist gegen Abführmittel sehr resistent und führt nicht selten zu bedeutenden Coprostasen; die Patienten empfinden sie als sehr lästiges Symptom, dessen Behebung grosse Erleichterung bringt". Die uḥa-Krankheit in jedem Glied, oder im Fleisch (Körper) einer Person kann man dann entweder für Anschwellungen etwa gichtischer Natur erklären, oder für das bei dem von mir angenommenen Zustand im ganzen Körper bestehende Unbehagen — es liegt eine Schwere in allen Gliedern.

Nun kommt auf Tafel LVII, Zeile 4 eine Stelle vor, die mit unserer Erklärung kaum in Einklang zu bringen ist; dort wird nämlich die uḥat-Krankheit im Auge erwähnt. Ich glaube mit Lüring [3]), dass man hier ebenso wie Zeile 10 nicht uḥat, sondern neḥat = Schielen zu lesen hat, dass also ein Fehler des Abschreibers vorliegt. An den meisten Stellen nämlich, an denen diese Krankheit überhaupt erwähnt wird, finden wir nicht uḥa, sondern den Plural davon: uḥau; nur an 2 Stellen: Tafel XXV, Zeile 9 und Tafel XXVII, Zeile 16 findet sich der Singular und zwar beide Male nicht uḥat, sondern uḥa. Es scheint also in der That, als wenn wir es Tafel 57, Zeile 4 nur mit einem Versehn des Abschreibers zu thun haben.

6. uχedu = schmerzhafte Anschwellung.

Das Wort uχed steht nach Brugsch [4]) „nicht ohne Zusammenhang mit pinguis, crassus, obesus". Nun lehrt uns eine Zusammenstellung aller derjenigen Stellen, an denen dieses Wort in unserem Papyrus erwähnt wird, dass das Leiden zwar

[1]) Cfr. Uebersetzung S. 18.
[2]) Sammlung klin. Vorträge von Volkmann. Nr. 255-256. S. 40.
[3]) Op. cit. S. 17.
[4]) Wörterbuch Bd. V. S. 331.

an den verschiedensten Körperstellen, besonders aber und hauptsächlich im Leib vorkommt; daneben auch im Mund, in den Beinen, am Rumpf, im Rücken, Herzen, Uringang, Auge, zitternden Arm, in den Zähnen, im Kopf und in allen Gliedern; auch eiternde Wunden, die aus uχedu entstehen, werden erwähnt. Ausserdem kommen sie nicht grade selten in Verbindung mit der āaā-Krankheit vor, was mir für die Erklärung des Wortes einen gewissen Anhalt zu geben scheint.

Nach alledem ist wohl der Schluss gerechtfertigt, dass man darunter zunächst die bei der Chlorosis aegyptiaca so ungemein häufig und schon sehr frühzeitig auftretende schmerzhafte Anschwellung des Leibes zu verstehn hat; „der ganze Unterleib", sagt Lutz[1]), „ist spontan oder auf Druck schmerzhaft und dabei gewöhnlich meteoristisch aufgetrieben". Die gegebene allgemeine Erklärung passt auch vorzüglich für die verschiedenen Körpertheile, an denen die uχedu sonst noch vorkommen; welche specielle Bedeutung diesem Wort indes an den einzelnen Stellen zu geben ist, soll bei der meist ungenügenden Beschreibung dahingestellt bleiben.

7. gent-Krankheit[2]) = ?

Der Stamm bedeutet nach Brugsch[3]): kraftlos, matt, schwach, ohnmächtig sein; das Determinativum des Vogels deutet auf etwas Schlechtes, Böses. Ich vermuthe, dass es sich dabei um eine durch starken Blutverlust — vielleicht in Folge von Abort — veranlasste Krankheit handelt, wobei ja auffallend ist, dass in der Beschreibung nichts auf den Blutverlust hindeutet. Die Vermuthung von Ebers, dass darunter Kindbettfieber zu verstehn sei, erscheint mir ebenfalls fraglich; nichts weist an jener Stelle auf einen Zusammenhang mit der Geburt hin, der so guten Beobachtern, wie es die alten Aegypter waren, wohl schwerlich entgangen wäre.

---

[1]) Sammlung klin. Vorträge von Volkmann. Nr. 255-256. S. 43.

[2]) Durch ein Versehn ist das Wort in der fortlaufenden Uebersetzung ohne Erklärung geblieben.

[3]) Wörterb. Bd. IV. S. 1514.

Es[1]) fängt an das Buch vom Bereiten der Arzeneien für alle Körpertheile einer Person. Hervorgegangen bin ich aus Heliopolis mit den Priestern von ḥet-äät, den Herren des Schutzes, den Königen der Ewigkeit und der Rettung. Hervorgegangen bin ich aus Sais mit den mütterlichen Göttinnen, die mir Schutz gewähren. Es wurden mir Worte verliehen vom Herrn des Alls, die Leiden aller Götter und die tödtlichen Krankheiten jeglicher Art zu vertreiben. Soviele Kapitel sind von diesem meinem Kopf, von diesem meinem Halse, von diesen meinen Armen, von diesem meinem Fleisch, von diesen meinen Gliedern, zu strafen die Verhöhnungen der Obersten, welche die Krankheit in dieses mein Fleisch eindringen lassen, zaubernd in diesen meinen Gliedern, dass sie (die Krankheit) eindringt in dieses mein Fleisch, in diesen meinen Kopf, in diese meine Arme, in meinen Leib, in diese meine Glieder, [so oft] erbarmt sich Ra, indem er spricht: ich beschütze ihn gegen seine Feinde. Es ist sein Führer Hermes, der ihm die Sprache gegeben, der die Bücher schafft und Ruhm verleiht den Gelehrten[2]) und den Aerzten, die ihm folgen, um das, was dunkel ist, zu enträthseln. Denjenigen, der Gott liebt, den macht er lebendig; ich bin Einer, der Gott liebt, er macht mich lebendig. Worte zu sprechen bei der Bereitung der Arzeneien für alle Körpertheile einer Person, die krank ist. Wie es sein soll, tausend Mal. Dies ist das Buch von der Heilung aller Krankheiten. Möge mich Isis heilen, sowie sie Horus heilte von allen Schmerzen, die ihm sein Bruder Set Tafel I.

[1]) Alles gesperrt Gedruckte ist im Papyrus mit rother Tinte, das Uebrige mit schwarzer geschrieben.

[2]) Eigentlich: denen, die Alles wissen.

angethan hatte, da er seinen Vater Osiris tödtete. O Isis, du grosse Zauberin, heile mich, erlöse mich von allen bösen, schlechten, typhonischen Dingen, von den dämonischen[1]) und tödtlichen Krankheiten und Verunreinigungen jeder Art, die sich auf mich stürzen, sowie Du erlöst und befreit hast deinen Sohn Horus. Da ich eingedrungen bin in das Feuer und herausgekommen aus dem Wasser. Möge ich nicht gerathen in die Falle jenes Tages, an dem ich sage: ich bin klein und bejammernswerth. O Ra, der du gesprochen hast für Deinen Leib, o Osiris, der du betest für deine Manifestation; es spricht Ra für seinen Leib, es betet Osiris für seine Manifestation. Wohlan befreie mich von allen möglichen bösen, schlechten, typhonischen Dingen, von den dämonischen[1]) und tödtlichen Fiebern jeglicher Art.

II. Soviele Kapitel da sind [zu sagen] wie es sein soll, tausend Mal. Capitel vom Trinken der Arzeneien. Es kommen die Arzeneien, es kommt, allerlei zu vertreiben in diesem meinem Herzen, in diesen meinen Gliedern; die Zaubersprüche haben grosse Macht über die Mittel. Noch einmal. Erinnere ich mich denn nicht, dass geführt wurden Horus und Set zu dem grossen Vorhof von Heliopolis, zu berathen über die Hoden des Set und Horus werde frisch (gesund), wie er auf Erden war. Er macht alles, was er will, wie diejenigen von den Göttern, die dort sind. Worte, wenn man die Arzeneien trinkt, [zu sagen] wie es sein soll, tausend Mal.

Beginn des Buches von den Arzeneien.

Zu vertreiben die Krankheiten im Leib:
Θeḥui-Korn mit Bier mischen und vom Kranken zu trinken.

Ein andres für den kranken Leib:

Kümmel	$^1/_{64}$
Gänseschmalz	$^1/_8$
Milch	1 denâ[2])

kochen, durchseihen und einnehmen.

Ein andres:

Feigen	$^1/_8$
Sebesten	$^1/_8$
Süsses Bier	1 denâ ebenso

(d. h. kochen, durchseihen und einnehmen).

[1]) Vielleicht soviel wie: epidemisch (?).
[2]) denâ = 0,6 Liter.

Abführmittel[1]):

Milch	$^1/_3$	denȧ
Brodteig	$^1/_4$	
Honig	$^1/_4$	

kochen, durchseihen und 4 Tage einnehmen.

Ein andres Abführen zu bewirken:

Honig	1
Zwiebelpulver (?)	1
Absynthpulver	1

daraus eine Pille machen.

Abführmittel:

Kräuter des Feldes	$^1/_8$
Honig	$^1/_8$

in Eins bringen und einnehmen.

Zusammennehmen mit Bier $^1/_2$ III.
oder Wein $^1/_4$.

Ein andres:

āāam-Pflanze	$^1/_8$
Zwiebel (?)	$^1/_8$
Kräuter des Feldes	$^1/_8$
Honig	$^1/_{32}$

in Eins bringen und vom Kranken einmal einzunehmen.

Ein andres:

Honig	$^1/_8$
Kräuter des Feldes	$^1/_8$
Palmwein	$^1/_3$
gengent-Bohne	$^1/_8$
Oel	$^1/_3$

kochen und vom Kranken einmal einzunehmen.

Ein andres:

Wein	1
Honig	1
Kräuter des Feldes	1

durchseihen und einmal einnehmen.

Ein andres: IV.

Frische Datteln	1
Seesalz	1
šebbet[2])-Saft	1

---

[1]) Eigentlich: Mittel den Leib zu theilen, ihn zu öffnen.
[2]) Brugsch. Wörterb. Bd. VII S. 1175 „Mischtrank, Mixtur".

in Wasser mischen, in einen Thonkrug bringen und darauf gequetschte gengent-Bohne thun; zusammenkochen, in eine Kapsel oder Hülse legen und vom Kranken warm einzunehmen; danach süsses Bier trinken.

Ein andres:

Kräuter des Feldes	$^1/_8$
Honig	$^1/_4$ [1]

zermahlen, zerreiben und vom Kranken mit süssem Bier einzunehmen.

Ein andres:

Grünspan	1

zermahlen, zerreiben, in bȧt-Brod thun, zu 3 Kugeln formen und vom Kranken zugleich mit süssem Bier einzunehmen.

V. Andre Mittel den Leib zu öffnen:

uam-Samen	1
ȧneb-Pflanze	1
Frucht vom kesebt[2])-Baum	1
Honig	1
šeneft[3])-Korn	1

in Eins bringen und 4 Tage einnehmen.

Ein andres:

ϑām-Pflanze	1
Zwiebeln (?)	1
Kümmel	1
Feigen	1
Sebesten	1
Oel	1

in Eins bringen und vom Kranken zu nehmen.

Ein andres den Leib auszuleeren:

Kuhmilch	1
Brodteig	1
Honig	1

VI. zermahlen, zerreiben, kochen und 4 Tage einnehmen.

---

[1]) Der Bruch $^1/_4$ ist, wie man im Papyrus deutlich sehen kann, aus einem andern verbessert.

[2]) Nach Ebers „Die Maasse und das Kapitel über die Augenkrankheiten" Leipzig 1889. Seite 90 „ricinus frutex?".

[3]) Nach Ebers Seite 31 gehört es zu den als Opfer dargebrachten Körnern.

Ein andres für den Leib:

Blätter von der qaqa[1])-Pflanze $^1/_4$
Datteln von der männlichen Palme $^5/_6$
Cypergras $^1/_{16}$
Stengel von der χasīt[2])-Pflanze $^1/_{16}$
Coriander $^1/_{16}$
Kühles Bier $^1/_2$

feucht stehen lassen[3]), durchseihen und 4 Tage einnehmen.

Ein andres die uremīt[4])-Krankheit im Leib zu vertreiben:

ánnek-Pflanze 1

in Kuhmilch oder süssem Bier gekocht vom Kranken zu trinken, damit er die uremīt-Krankheit, die er in seinem Leibe hat, ausleere.

Ein andres den Mastdarm zu heilen:

Zwiebeln (?) $^1/_3$
Süsses Bier $^2/_3$

feucht stehen lassen und vom Kranken 4 Tage zu trinken. VII.

Ein andres den Leib auszuleeren und alle schlechten Dinge, die im Körper eines Kranken sind, abzuführen:

Kräuter des Feldes $^1/_8$
Honig $^1/_8$
Datteln $^1/_3$
uāḥ-Korn $^1/_3$

in eins mischen und an einem Tage kauen.

Ein andres Mittel:

Frische Milch $^1/_2$
Absynth $^1/_{32}$
āāam-Pflanze $^1/_{32}$
θām-Pflanze $^1/_{32}$
Wachholderbeere $^1/_{16}$

---

1) Das griech. κίκι = Ricinus.

2) Brugsch. Wörterbuch Bd. VI. S. 896 „Mohnpflanze".

3) Oder: „Ueber Nacht stehen lassen"; oder: „auf die Presse legen".

4) Nach Lüring „Die über die medic. Kenntnisse der alten Aegypter berichtenden Papyri verglichen mit den med. Schriften griech. und röm. Autoren" Strassburg. Dissert. inaug. 1888. S. 15 „schädliche Ansammlungen".

urem bedeutet „anschwellen" und wird vom Steigen des Nils gesagt; vielleicht handelt es sich bei dieser Krankheit um Anschwellung des Leibes: Ascites, Hydrops abdominis.

Cypergras $^1/_{32}$
Beere vom uān-Baum $^1/_{16}$
Weihrauch $^1/_{64}$
Seesalz $^1/_{32}$
kochen mit tehebu-Holz $^5/_6$

zusetzen lassen

VIII. Honig, sobald es geronnen (?) ist[1]); kochen und hernach warm an einem Tage trinken.

Ein andres Mittel für den Leib:

Kräuter des Feldes $^1/_4$
gengent-Bohne $^1/_4$
Absynth $^1/_4$
Süsses Bier $^5/_6$

in eins mischen, kochen, durchseihen und an einem Tage nehmen, damit der Kranke alle schädlichen Säfte, die in seinem Leib sind, entleere.

Ein andres den Leib zu entleeren und den Unrath aus dem Leib einer Person zu vertreiben:

Beere vom deqm[2])-Baum, kauen und mit Bier hinunterschlucken, um alles, was in seinem Leibe ist, auszuleeren.

Mittel Ausleerungen zu regeln:

Honig	1
šaša[3])-Samen	1
Absynth	1
IX. Wachholderbeere	1
Beere vom uān-Baum	1
Kerne von der ut'āīt-Frucht	1
Kümmel	1
āāam-Samen	1
θām-Samen	1
Seesalz	1

zu einer Kugel[4]) formen und in den After bringen.

Ein andres den Urin zu regeln und Abführen zu regeln:

---

[1]) Loret. Recueil de travaux relatifs à la philologie et à l'archéologie égypt. et assyr. Vol XI. S. 122 „aussitôt que le lait monte".
[2]) Ricinusbaum.
[3]) Brugsch. Wörterb. VII. S. 1226 „Kuchen aus zusammengepressten Rosinen".
[4]) Lüring S. 15 „Seifenzäpfchen".

Gänseschmalz	1/8
Bleivitriol[1]) (?)	1/32

kochen und hernach warm mit Wein hinunterschlucken.

Ein andres um Abführen zu machen (bewirken): gengent-Bohne 6 Stück; sie ist ähnlich der phönicischen Bohne; Beere von mennuḥ-Pflanze; setze zu jenen Kräuter des Feldes;

zermahlen, zerreiben, in Honig thun und den Kranken nehmen X.
lassen zusammen mit Palmwein 1/2.

Ein andres:

Wachholderbeere	1/8
Honig	1/8

kochen und hernach warm einnehmen an einem Tage mit Hefe von Bier, das geschäumt hat[2]).

Ein andres kranke Excremente aus dem Leib einer Person auszutreiben:

Weissen Kuchen[3])	1
Rothes tīt-Korn	1
Frauenmilch	

in Eins mischen und vom Kranken einzunehmen.

Ein andres:

Weizenmehl	1
ϑām-Pflanze	1
Beeren vom uān-Baum	1
Kräuter des Feldes	1
gengent-Bohne	1
seχet-Pflanze	1

in Eins zermahlen, zu Brod backen und vom Kranken zu essen. XI.

Ein andres den Leib zu entleeren und uχedu zu tilgen:

Eine Prise (Portion) ḥemīt, zermahlen, zerreiben, in 4 Kuchen backen, in Honig aufweichen und von der Person zu essen.

Ein andres:

Grünspan	1/64
Honig	ebensoviel.

---

[1]) σῶρυ des Dioscorides. De mat. med. Ed. Kühn Vol. 25. Buch V. Cap. 118. S. 783.

[2]) Eigentlich: „das oben ist“ von t'at'a = Kopf.

[3]) Nach Lüring S. 158 pīt = Brod, Kuchen, Brodteig.

Arzeneimittel dem Leib Oeffnung zu schaffen:

Kräuter des Feldes	1
Wachholderbeere	1
Gänzeschmalz	1
Honig	1
Süsses Bier	

in eins mischen und 4 Tage trinken.

Ein andres um allerlei Krankheiten im Leib zu vertreiben und den Mastdarm zu behandeln:

Der Schaum[1]) von süssem Bier	
Zwiebeln (?)	$^1/_2$

XII. in einen des-Krug thun als köstliches[2]) (Mittel) gegen den Tod. Im Schaum zerreiben; lass Du es wärmen jeder Zeit[3]).

Ein andres um Abführung zu bewirken:

Süsses Bier	$^1/_3$ denȧ
šeneft[4])-Samen	$^1/_{16}$
Seesalz	$^1/_{16}$
Sebesten	$^1/_8$

feucht[5]) stehen lassen und 4 Tage trinken.

Ein andres:

Durra, 1 hennu-Gefäss, getrocknet und geröstet ebenso; davon Brot machen, Oel dazu setzen und von der Person zu essen, die nicht Abführung hat.

Ein andres um den Leib in Ordnung zu bringen:

šaša[6])-Kuchen	1
šames-Pflanze	1
t'aā-Samen	1
Grünspan	ein wenig
Honig	1

XIII. zerreiben und gleich nach dem Schlafengehn essen.

Ein andres Tumoren[7]) im Leib zu entfernen:

Feigen	$^1/_8$
Sebesten	$^1/_8$

---

[1]) Cfr. vorige Seite Anm. 2.
[2]) Eigentlich: lieblich.
[3]) Die Uebersetzung ist unsicher.
[4]) Gehört zu den als Opfer dargebrachten Körnern.
[5]) Erman „lass es feucht stehn"; Lüring „lass es auf die Presse legen".
[6]) Cfr. Anmerkung 3 zu Seite 6.
[7]) „Anschwellungen".

Weinbeeren $^1/_8$
Milch $^1/_8$
Brodteig $^1/_8$
Beere von χasit[1])-Pflanze $^1/_8$
Grüne Bleierde (?) $^1/_{32}$
Weihrauch $^1/_{64}$
Wasser

feucht stehen lassen und 4 Tage einnehmen.

Ein andres um Krankheiten auf der einen Seite des Leibes zu vertreiben:

Lactuca 1
Datteln 1

in Oel kochen und als Pflaster darauf legen.

Ein andres um alle Krankheiten im Leib zu vertreiben:

Geröstete Feigen aufgeweicht in frischem Baumöl (?); Weinbeeren ebenso; Wachholderbeere ebenso;

in eins mischen und von einer Person zu essen, die krank in ihrem Leib ist; und sie trinken lassen.

Ein andres: XIV.

Geröstete Feigen aufgeweicht in frischem Baumöl (?); Weinbeeren ebenso; Wachholderbeere ebenso; ein Krug paåb[2])-Saft; ein Krug Wein;

in eins mischen und zu trinken von einer Person, die krank in ihrem Leib ist.

Ein andres um Krankheit des Leibes zu vertreiben:

Oel, uāḥ-Korn, Absynth, ein Kügelchen[3])

in Honig zerrieben, in eins mischen und einen Tag einnehmen.

Mittel die Ausleerungen zu Ende zu bringen[4]):

Grüne Zwiebeln (?) $^1/_8$
Frischgekochte Grütze $^1/_8$
Oel und Honig $^1/_4$
Wachs $^1/_{16}$
Wasser $^1/_3$ denå

kochen und 4 Tage einnehmen.

---

[1]) Brugsch Wörterbuch Bd. VI. S. 896 „Mohnpflanze“.
[2]) Stern liest paḥet-Saft.
[3]) Soll wohl heissen eine Pille davon machen.
[4]) Also Mittel Diarrhoen zu stillen.

Ein andres:

Brodmehl	$^1/_{16}$	
Grüne Bleierde (?)	$^1/_{32}$	
āpert[1])-ndåu-Saft	$^1/_{16}$	
Wasser	$^1/_3$	denå

in 4 Tagen einnehmen.

XV. Ein andres:

šeneft[2])-Korn	$^1/_8$	
Sebesten	$^1/_8$	
Weinbeeren	$^1/_{16}$	
ånest-Korn	$^1/_{16}$	
Beere vom uān-Baum	$^1/_{16}$	
Honig	$^1/_{16}$	
Wasser	$^1/_3$	denå

feucht stehen lassen, in gleicher Weise (d. i. 4 Tage einnehmen).

Ein andres:

Brodmehl	$^1/_{16}$	
āpert[1])-ndåu-Saft	$^1/_8$	
Zwiebeln (?)	$^1/_{32}$	
Wasser	$^1/_3$	denå

4 Tage trinken.

Ein andres:

Feigen	$^1/_8$
Weintrauben	$^1/_8$
Brodteig	$^1/_{32}$
pīt[3])-Korn	$^1/_{32}$
Grüne Bleierde (?)	$^1/_{64}$
XVI. Zwiebeln (?)	$^1/_{32}$
Wachholderbeere	$^1/_8$

recitiren: o hetu[4])! abermals o hetu; o āt'en! o āt'enīt abermals. Mischen mit Wasser $^1/_3$, feucht stehen lassen und 4 Tage einnehmen.

Ein andres häufige Blutausleerungen zu vertreiben[5]):

Frischgekochte Grütze	$^1/_8$

---

[1]) Nach Sterns Glossar „ovum sive globulus".

[2]) Cfr. Anmerkung zu Seite 4.

[3]) Brod oder Kuchen.

[4]) Vielleicht Kynocephalus, wie Lieblein meint.

[5]) Es kann sich hier um Beimischungen von Blut zum Darminhalt, oder auch um blutigen Stuhlgang handeln. Das erstere

Pulverisirtes uāḥ-Korn 1/3
Oel 1/8
Honig 1/8
durchseihen und 4 Tage einnehmen. Alle Droguen in gleicher Weise das zweite Mal.

ḥeft[1])-Würmer abzutödten:

Das Holzartige der nehimaa-Frucht[2]) 1/3
Wasser 1/2
feucht stehen lassen, durchseihen und an einem Tage einnehmen.

Ein andres:

Durra vom Süden 1/3
Seesalz 5/6
Wasser 1/2 in gleicher Weise.

Ein andres:

Harz von Acanthus 1/3
Wasser 1/2 XVII.
feucht stehen lassen, durchseihen und an einem Tag einnehmen.

ḥeft-Würmer im Leib zu vertreiben:

Grünspan 4 Priesen, in 4 Kuchen zu backen und vom Kranken zu essen.

Ein andres:

Das Innere des kesebt[3])-Baumes 1/3
Hefe 1/3
Wasser 1/2 1/3
feucht stehen lassen, durchseihen und an einem Tag einnehmen.

Mittel ḥeft-Würmer zu tödten:

Dattelmehl 1/8
Zwiebeln (?) 1/8
Süsses Bier 1/3 denȧ
kochen, durchseihen und einnehmen.

---

kommt bei Haemorrhois ja häufig vor, im letzteren Falle wäre an Ruhr (?) zu denken; das Letztere scheint mir wahrscheinlicher.

[1]) Ascaris lumbricoides; cfr. hierzu die Einleitung. [Mit Scheuthauer (Virchow's Archiv Bd. 85. S. 350) glaube ich, dass man unter ḥeft den Ascaris lumbricoides zu verstehen hat. Eine Taenie dafür zu halten, dagegen spricht eine Stelle nämlich Tafel 66. Zeile 1; dort wird ein dunkler (schwarzer) ḥeft-Wurm als Einreibung gegen graues Haar verordnet.]

[2]) Wurzelrinde des Granatapfelbaumes; nehimaa ist wohl eine Variante von ȧnhemāni; Cfr. Taf. 19. Zeile 19.

[3]) Ricinus frutex?

Ein andres:

Blüthe der nešau[1])-Pflanze $^1/_3$
Absynth $^1/_3$
Süsses Bier 1· denå

zermahlen, durchseihen und einnehmen.

Ein andres:

Das Innere des Ricinusstrauches 4 Tage in Hefe gähren und feucht stehen lassen; rühr es 5 Tage in einem irdenen Krug
XVIII. um, $^1/_8$ thun . . . .[2]); auf åd, feucht stehen lassen im Sommer und am Morgen zu trinken.

Ein andres:

Cyperusknollen $^1/_{32}$
Grünspan $^1/_{32}$
Wasser $^1/_3$

kochen und 4 Tage einnehmen.

Ein andres:

Frucht von uam-Beere $^1/_4$
šeneft[3])-Korn $^1/_4$
Das Innere des kesebt[4])-Baumes $^1/_8$
Honig $^1/_8$
Bier $^1/_3$

zermahlen, in Honig stehen lassen, am Morgen es thun in Bier $^1/_8$ und vom Kranken einzunehmen.

Ein andres:

uam-Samen $^1/_3$
Wasser $^2/_3$

feucht stehen lassen und 4 Tage einnehmen oder (auch) mit Bier.

Ein andres:

åsu[5])-Pflanze $^1/_3$
XIX. šames-Pflanze $^1/_4$

in Honig kochen und essen. Sie sprechen die Beschwö-

---

[1]) Brugsch Wörterb. Bd. VI. S. 698 „Gerste".

[2]) qem-šen = „gefunden zerstört". Hier ist also eine Lücke, d. h. der Abschreiber hat, wie ich vermuthe, im Originalwerk, aus dem er abgeschrieben hat, ein Stück zerstört gefunden und hat das durch das Aegyptische: „qem-šen" wiedergeben wollen. Cfr. 89. 1 und 90. 3, wo sich ebenfalls diese Bemerkung findet.

[3]) Gehört zu den als Opfer dargebrachten Körnern.

[4]) Ricinus frutex?

[5]) Brugsch Wörterb. V S. 141 „eine liebliche Pflanze".

rung aus: der ḥerχetef[1])-Wurm sticht die Menschen, beunruhigt den Schwachen und schmerzt in diesem Leib; der Gott und der Feind hat ihm Zauberei angethan; der Gott lässt aufhören, was er in dem Leib bewirkt hat.

Ein andres vorzügliches Mittel zum Gebrauch für den Leib:

åsu[2])-Pflanze	1
šames-Pflanze	1

zerreiben, zermahlen, in Honig kochen und vom Kranken zu essen, der in seinem Leib ḥeltu[3])-Würmer hat, die von der āaā[4])-Krankheit hervorgebracht sind und durch kein (andres) Mittel sterben.

Ein andres:

Die Rinde vom Granatapfelbaum zerstossen in Bier $^1/_3$, feucht stehen lassen in einem Krug mit Wasser $^5/_6$, am Morgen durch ein Tuch seihen und vom Kranken zu trinken.

Ein andres ḥeft[5])-Wurm aus dem Leib zu vertreiben: XX.

Lactuca	1
Absynth	1
Milch	1

zusammenrühren und einnehmen. Siehe, der Kranke treibt[6]) alle Würmer aus, die in seinem Leib sind.

Ein andres ḥeft[5])-Würmer zu tödten:

Getrocknete Sycomorenfeigen	1
Datteln	1

gut stossen, in umtet[7])-Bier thun und vom Kranken zu trinken.

Ein andres die Krankheiten zu heilen, die von ḥeft[5])- und pend[8])-Würmern entstehen:

Dumpalmenpulver	1

---

[1]) Scheuthauer's Vermuthung (cfr. Virchow's Archiv Bd. 85. S. 350) dass hierunter der Oxyuris vermicularis zu verstehn sei, theile ich nicht; überhaupt heisst „ḥer-χetef“ nicht „aus dem Leibe“ wie Scheuthauer meint. Unter ḥer-χetef kann man ganz allgemein „Eingeweidewurm“ verstehen.

[2]) Brugsch Wörterb. V S. 141 „eine liebliche Pflanze“.

[3]) Brugsch Wörterb. VI S. 838 „Gewürm“; Würmer.

[4]) Chlorosis aegyptiaca; cfr. die Einleitung.

[5]) Ascaris lumbricoides.

[6]) Eigentlich: scheisst aus.

[7]) Von der Wurzel umot nach Brugsch Wört. Bd. V. S. 314. „stark“; also starkes, kräftiges Bier.

[8]) Taenia mediocanellata; cfr. die Einleitung.

Spitzen von āmamu-Pflanze 1
Gänseschmalz 1
in eins mischen, durchseihen und 4 Tage einnehmen.

Krankheiten zu vertreiben, die entstehen durch pend[1])-Würmer:

XXI. Harz von Acanthus 1
Pfefferminzblüthe 1
Lactuca 1
t'as-Pflanze 1
zerstossen, in eins mischen und als Pflaster auf den Leib einer Frau oder eines Mannes legen.

Mittel ḥeft[2])-Würmer zu tödten:
Harz von Acanthus, ins Wasser gelegt in einer Vase, steht mit einem Tuch zugedeckt, in der Frühe in einem Stein-Mörser zerstossen, bis Du es zerrieben findest; durch ein Rohr darin (gesteckt) hernach es einschlürfen.

Ein andres die Krankheiten zu vertreiben, die von pend[1])-Würmern entstehen:
ȧnnek[3])-Pflanze 1
ȧneb-Pflanze 1
Die Spitze von Rohr 1
Honig 1
4 Tage einnehmen.

Ein andres ḥeft[2])-Würmer zu tödten:
uam-Samen[4]) $^1/_8$
šeneft[5])-Samen $^1/_{16}$
Seesalz $^1/_{32}$
Honig $^1/_{16}$
in eins bringen, 1 Tag essen.

XXII. Andre Mittel:
Frucht von der Sycomore, getrocknet 1
Grüne Datteln 1
in Bier zerstossen und 4 Tage trinken.

---

1) Taenia mediocanellata.
2) Ascaris lumbricoides.
3) Brugsch Wörterb. V S. 93 „Pflanze, die mit dem Mond in Verbindung steht".
4) Während bis hierher die einzelnen Medicamente im Papyrus unter einander gesetzt wurden, werden sie von hier ab neben einander gesetzt.
5) Gehört zu den als Opfer dargebrachten Körnern.

Andre Mittel die pend[1])-Würmer zu tödten:

Das Innere des kesebt[2])-Baumes	$^1/_8$	
sert-Saft	1	denà

kochen, durchseihen und sogleich einnehmen.

Ein andres:

uam Samen	$^1/_8$
Seesalz	$^1/_{32}$
šeneft[3])-Samen	$^1/_{32}$
Honig	$^1/_8$
Süsses Bier	$^5/_6$

4 Pillen machen und von der Person einzunehmen, zu trinken mit Bier $^5/_6$.

Andre Mittel:

uam-Samen	$^1/_4$
šeneft[3])-Samen	$^1/_{32}$
sert-Saft	$^1/_3$

zermahlen, zerreiben und 1 Tag trinken.

Ein andres:

Kräuter des Feldes	1
sefet[4])-Oel	1
Fett	1
Natron, roth	1
Kuhgalle	1

in einen Kuchen backen, einen Tag einnehmen.

Ein andres:

Mennige	1
gentet-Pflanze, nesϑī-Korn, tà-Brod	1
Erdöl (Petroleum?)	1
Süsses Bier	

zerstossen, pulverisiren, durchseihen und an einem Tag einnehmen.

Ein andres:

Kräuter des Feldes	1
Natron, roth	1
sefet[4])-Oel	1

in einen Kuchen backen und 1 Tag einnehmen.

---

1) Cfr. vor. Seite.
2) Ricinus frutex.
3) Gehört zu den als Opfer dargebrachten Körnern.
4) Ein heiliges Salböl.

Ein andres:

begsu-Beeren	$^1/_8$
Wein	$^1/_3$
āmamu-Samen	$^1/_3$

warm machen und 4 Tage trinken.

Ein andres:

sert-Saft	1
Kümmel	1
t'aȧs-Samen	1
suti-šut-Pflanze	1
āmamu-Samen	1
θām-Pflanze	1
Sebesten	1
Süsses Bier	

kochen und 1 Tag einnehmen.

Ein andres:

Alraunbeeren	1
Milch	1
Honig	1
Kräuter des Feldes	1
Wein	

kochen, durchseihen, 4 Tage nehmen; es entleert den Leib.

Ein andres:

Kräuter des Feldes	1
Herz vom mešā-Vogel	1
Honig	1
Wein	1
ȧnnek [1])-Pflanze	1
Süsses Bier	1

in einen Kuchen backen und einen Tag essen.

Ein andres pend[2])-Würmer zu behandeln:

Pfefferminz	1
qemu[3])-Samen	1
nua-Pflanze	1
āmamu-Frucht	1

kochen, durchseihen und einen Tag einnehmen.

---

[1]) Cfr. Seite 14.
[2]) Taenia mediocanellata.
[3]) Brugsch Wörterb. VII S. 1245 „Schwarzbaum".

Ein andres:

Dattelkörner $^1/_{16}$
Absynth $^1/_8$
Cyperus $^1/_{16}$
Bleivitriol[1] (?) $^1/_{64}$
šeneft[2]-Samen $^1/_{32}$
senenutet[3]-Pflanze $^5/_6$
ămamu-Frucht $^1/_2$
Kümmel $^1/_{64}$
Süsses Bier 1 denå

kochen, durchseihen, 4 Tage einnehmen.

Ein andres:

Zwiebeln (?) $^1/_8$
Mennige $^1/_{64}$
Saure Milch $^5/_6$
Weisses Oel $^1/_8$
Süsses Bier $^1/_3$ denå

kochen und einnehmen; es tödtet die pend[4]-Würmer. XXIII.

Ein andres:

Beeren vom uān-Baum $^1/_3$
Weisses Oel $^1/_3$

einen Tag einzunehmen.

Mittel uχedu im Leib zu heilen:

Fleisch von einer lebenden Kuh $^1/_2$
Weihrauch $^1/_{64}$
Lactuca $^1/_8$
Beere vom uān-Baum $^1/_{16}$
Frischgebackenes Brod $^1/_8$
Süsses Bier $^1/_2$ denå

durchseihen und 4 Tage einnehmen.

Ein andres uχedu im Leib fortzubringen:

ϑām-Pflanze $^1/_8$
Sebesten $^1/_8$
seχept-Saft $^1/_3$
Süsses Bier $^1/_2$

durchseihen, kochen, 4 Tage einnehmen.

---

[1]) σῶρυ des Discor.; cfr. Seite 7.
[2]) Cfr. Seite 15.
[3]) Lüring S. 161 „Pistia stratiotes L.“
[4]) Taenia mediocanellata.

Ein andres:

Nasturtium	$^1/_{64}$	
Sebesten	$^1/_8$	
Harz von Acanthus	$^1/_{32}$	
Gänseschmalz	$^1/_{16}$	
Beere vom uān-Baum	$^1/_{16}$	
Süsses Bier	$^1/_3$	denå ebenso.

Ein andres:

Brodteig	$^1/_8$	
Weintrauben	$^1/_{16}$	
Sebesten	$^1/_8$	
Feigen	$^1/_8$	
Weihrauch	$^1/_{64}$	
Kümmel	$^1/_{64}$	
Beeren vom uān-Baum	$^1/_{16}$	
Gänseschmalz	$^1/_{16}$	
Süsses Bier	$^1/_3$	denå ebenso.

Ein andres uḥa-Krankheit im Leib zu vertreiben:

Lapis memphites	1
Bleivitriol[1]) (?)	1
besbes[2])-Körner	1
sesqa-Körner	1
Wachs	1
sefet[3])-Oel	1

zerstossen, in Eins bringen und damit salben.

Wohlan bereite Du Abführmittel, nachdem es gegen seinen Leib verschlossen gewesen ist:

Kräuter des Feldes	1
gengent-Bohne	1
åneb-Pflanze	1
Brodteig	1

zerstossen, in Eins bringen, davon 4 Kuchen machen und ihn es essen lassen.

Ein andres uḥa-Krankheit zu vertreiben, die schwer drückend im Körper liegt; sie im Leib völlig zu vernichten:

---

[1]) σῶρυ des Diosc. De mat. med. Ed. Kühn Vol. 25. Lib. V. Cap. 118. S. 783.

[2]) „Fenchel"; Brugsch. Zeitschr. f. ägypt. Spr. 1881. S. 33.

[3]) Ein heiliges Salböl.

Getrocknete Myrrhen	$^1/_{64}$
Weihrauch	$^1/_{64}$
Lapis memphites	$^1/_{64}$
Bleivitriol [1] (?)	$^1/_{64}$
áneb-Pflanze	$^1/_{32}$
Grüne Bleierde (?)	$^1/_{32}$
ásu [2]-Pflanze	$^1/_{16}$
Absynth	$^1/_8$
Collyrium	$^1/_{64}$
gengent-Bohne	$^1/_8$
Kräuter des Feldes	$^1/_8$
Zwiebeln (?)	$^1/_8$
Honig	$^1/_8$
feuchtes uāḥ [3]-Korn	$^1/_{32}$

zerreiben, in Eins mischen und warm einnehmen; eine vollkommene Linderung.

Ein andres die uḥa-Krankheit im Leib auszuscheiden (heben) oder sie zu vernichten:

Feigen	$^1/_{32}$
Seesalz	$^1/_8$
Frisches Brod	$^1/_8$
Süsses Bier	$^1/_3$ denà

kochen, durchseihen und einen Tag einnehmen.

Ein andres nach ihm (dem vorhergehenden Mittel):

Kräuter des Feldes	$^1/_8$
Hefe	$^5/_6$
Honig	$^1/_4$
Süsses Bier	$^1/_2$

XXIV.

4 Tage einnehmen.

Ein andres seteft [4]-Krankheit zu vertreiben:

Dattelmehl	$^1/_8$
Zwiebelmehl (?)	$^1/_8$
mesta-Getränk	ein wenig

kochen zu einer Dose von Wasser $^1/_2$ denà; dem Mann oder der Frau warm zu geben; vorzüglich um ihn gesund zu machen.

---

[1] σῶρυ des Diosc. Lib. V. Cap. 118.
[2] Brugsch V. S. 141 „eine liebliche Pflanze".
[3] Wohl eine Getreideart (?).
[4] Drücken, Aufstossen (?).

Ein andres uḥa-Krankheit zu vertreiben:

Absynth	$^1/_3$
Zwiebelmehl (?)	$^1/_3$
Seesalz	$^1/_2$
Abfall von Datteln	$^1/_3$
Oel	$^1/_2$
āmamu-Pflanze	$^1/_3$
Süsses Bier	$^2/_3$

kochen und heiss essen.

Ein andres uḥa-Krankheit im Leib zu vertreiben:

Süsse Myrrhen	1
Bleivitriol (?)[1]	1
Russ vom bet'a[2])-Topf	1
Honig	1

in Eins mischen und damit bestreichen.

Ein andres die böse seteft[3])-Krankheit zu vertreiben:

ȧbu-Saft	1
Mennige	1
Beere von der Tamariske	1
Natron	1
Seesalz[4])	1

in Eins bringen und gegen die Krankheit geben.

Ein andres uχedu im Leib zu heilen:

Kräuter des Feldes	$^1/_8$
ϑām-Pflanze	$^1/_{16}$
Feigen	$^1/_8$
Zwiebeln (?)	$^1/_{32}$
Sebesten	$^1/_8$
Kümmel	$^1/_{64}$
āāam-Pflanze	$^1/_{32}$
Gänseschmalz	$^1/_8$
Süsses Bier	$^1/_3$ denȧ in gleicher Weise.

---

1) σῶρυ des Diosc.
2) Brugsch Wörterb. V S. 464 „der irdene Topf, Scherben".
3) Cfr. vorige Seite.
4) meḥt mit rother Tinte durchstrichen; dann müsste man nur „Salz" übersetzen.

Ein andres uχedu zu tilgen:

Frucht der Dumpalme	1/16
Datteln	1/8
Bittres Bier	1/2
Brodteig	1/8
Wein	1/8
Eselsmilch	1 denȧ

kochen, durchseihen und 4 Tage einnehmen.

Ein andres uχedu zu tilgen und die tödtliche äaā[1])-Krankheit in dem Leib eines Mannes oder einer Frau zu vertreiben:

Harz von Acanthus	1/8
Die Fibern desselben	1/8
Die Frucht desselben	1/8
Harz vom Terpenthinbaum	1/8
Die Fibern desselben	1/8
Die Frucht desselben	1/8
Absynth[2])	1/4
Indigo[3])-Pflanze	1/4
Frucht von der tȧa-Pflanze	1/4
ȧnnek[4])-Pflanze	1/4
Weinbeeren	1/4
Pfefferminz	1/4

mischen, zum Essen fertig machen und 4 Tage einnehmen.

Ein andres[5]) uχedu im Leib zu tilgen:

Weizen-Körner	1/8
Durra-Körner	1/8
ut'ā von Datteln	1/4
šeneft[6])-Körner	1/8
Abfall von Datteln	1/4
Frucht von der Dumpalme	1/4
Absynth	1/8

kochen, feucht hinstellen und 4 Tage einnehmen.

---

[1]) Chlorosis aegyptiaca.
[2]) Mit schwacher rother Tinte ist hier dem äam ein s vorangesetzt; säam-Absynth.
[3]) Lüring S. 163.
[4]) Cfr. S. 14.
[5]) nt mit blasser rother Tinte hinzugesetzt.
[6]) Cfr. S. 4.

Ein andres:

XXV. Knollen XXV. von Cyperus $^1/_{16}$
Cyperus vom Binnenlande $^1/_{16}$
Cyperus (vom Ufer) $^1/_{16}$
Beere vom uān-Baum $^1/_{16}$
Wachholderbeeren $^1/_{16}$
Gummi $^1/_{32}$
Gänseschmalz $^1/_4$
Honig $^1/_4$
Wasser etwas[1]) ebenso.

Wenn Du Jemand siehst mit Geschwulst von teigartiger Beschaffenheit, sein Leib ist hart darunter, er ist krank an seinem ro-àb[2]), es ist seine Geschwulst in seinem Leib, die keinen Weg findet herauszukommen und die keinen Weg hat aus ihm herauszukommen, es ist Faulichtes in seinem Leib. Nicht kommt es heraus, es wird zu ḥesebt-Würmern; wird es nicht zu ḥesebt, so wird sich eine Kugel (?) bilden. Leert er es aus, so wird er augenblicklich gesund. Führt er es aber nicht als ḥesebt-Würmer ab, so mach Du ihm ein Abführmittel, um ihn augenblicklich gesund zu machen.

Ein andres uχedu im Leib zu vertreiben und die holzharte uḥa-Krankheit im Leib eines Mannes oder einer Frau zu zerstören:

Pulverisirtes uāḥ-Korn, geröstet $^1/_4$
Kräuter des Feldes $^1/_8$
Süsser Brodteig $^1/_8$
Dattelteig $^1/_8$
Gänseschmalz $^1/_4$
Honig $^1/_4$

in Eins zerreiben und einmal einnehmen.

Der Beginn der Salben uḥa-Krankheit zu vertreiben:

Lapis memphites, Milch, reines Oel
viermal damit aufstreichen.

Andre Salbe:

Harz von Acanthus, Bleivitriol (?), Lapis memphites, ta-Saft der Bauern, rothes Natron, Honig, Oel
damit aufstreichen.

---

[1]) Cfr. Ebers S. 51.
[2]) Cfr. die Einleitung.

Andre Salbe:
šeneft[1])-Korn, Eselskopf, besbes[2])-Korn, sebtetīt-Pflanze, nesti[3])-Pflanze, māki-Korn vom he-Platz, baq-Oel, reines Oel
damit aufstreichen.

Andre Salbe:
Zwiebelmehl (?), Bohnenmehl, nesti[3])-Pflanze, Bleivitriol (?), Baumöl, reines Oel
4 Tage damit aufstreichen.

Andre Salbe:
Samen der Blüthen der Erde, Eselsklauen, šefšeft-Samen des Sees, frische Sahne, reines Oel
4 Tage damit salben.

Andre Salbe:
Erwärmte Durra-Körner, erwärmte àat-Pflanze, erwärmte Frucht der Dumpalme, XXVI. Lapis memphites, Milch XXVI.
einer Frau, die einen Knaben geboren hat, frisches baq-Oel, Oel
kochen und 7 Tage damit aufstreichen.

Andre Salbe:
Fenchel (?), Mentha montana, sebtetīt-Pflanze, die rothe Frucht der Sycomore, Harz der χet'-Pflanze, reines Oel
8 Tage damit aufstreichen.

Andre Salbe:
māki-Korn vom nehe[4])-Platz, Leinsamen (?), Crocus, sesqa-Pflanze, Beere von der àbu-Pflanze, Kümmel, Wachs, Oel, Baumöl, Milch einer Frau, die einen Sohn geboren hat
9 Tage damit aufstreichen.

Andre Salbe:
šefšeft-Frucht, Fenchel[5]) (?), Beere von der àbu-Pflanze sesqa-Samen, Bleivitriol (?), Lapis memphites, Crocus, trockene Myrrhen, süsse Myrrhen
in Eins bringen und 10 Tage damit salben.

---

[1]) Cfr. Seite 4.

[2]) Brugsch, Zeitschrift für ägypt. Sprache und Alterthumskunde. 1881. S. 33. „Fenchel."

[3]) Lüring S. 158 „Carthamus tinctorius".

[4]) Wahrscheinlich ein Fehler anstatt: „he"-Platz. L.

[5]) Cfr. Anmerkung 2.

Mittel uḥa-Krankheit zu vertreiben und uχedu zu trennen[1]):

Kuhhirn	$^5/_6$
Seesalz	$^1/_8$
Honig	$^1/_{32}$
Wasser	$^1/_2$

in Eins mischen und damit aufstreichen.

Ein andres uḥa-Krankheit im Fleisch[2]) einer Person zu vertreiben:

Klares Oel	1
Oel vom Nilpferd	1
Alter Honig	
Bleivitriol (?)	1
ϑām-Pflanze	1
Absynth	1
paχ-Kraut	1
Wachs	1
Fenchel[3]) (?)	1
sefet[4])-Oel	1

in Eins mischen und 4 Tage damit aufstreichen.

Ein andres Mittel seteft-Krankheit (oder) irgend ein andres Uebel im Körper[5]) nicht entstehen zu lassen:

Trockenes saït[6])-Kraut	1
Oel	1
Natron	1
Seesalz	1

zermahlen, zerreiben, in Eins mischen und damit aufstreichen.

Eine andre Salbe uḥa-Krankheit an jedem Glied einer Person zu vertreiben:

Süsse Myrrhen	1
Bleivitriol[7]) (?)	1
Oel	1

---

[1]) Loret. Recueil de travaux relatifs à la philol. et à l'archéol. égypt. et assyr. Vol. XI. S. 131. „lever"; „sauver, délivrer".

[2]) Aegyptisch: ḥā = caro, musculus, corpus.

[3]) Cfr. Seite 23.

[4]) Cfr. Seite 18.

[5]) Wörtlich: „in jedem Glied".

[6]) Brügsch Wörterb. VII. S. 982 „Wegerich?".

[7]) σῶρυ des Diosc. Lib. V. Cap. 118.

Zwiebeln (?)	1
Wachholderbeere	1
Collyrium	1
Russ vom bet'a[1])-Gefäss (?)	1
Honig	1

in Eins mischen und damit aufstreichen.

Ein andres uḥa-Krankheit zu vertreiben und uχedu zu entfernen[2]):

Kuhgalle	1
Seesalz	1
Honig	1

in Eins mischen und damit aufstreichen.

Eine andre XXVII. Salbe uḥa-Krankheit in jedem Körpertheil einer Person zu vertreiben: XXVII.

Kräuter des Feldes, Oel

damit aufstreichen.

Ein andres Mittel seteft[3])-Krankheit nicht entstehn zu lassen:

Oel	$^5/_6$
Gequetschtes saīt[4])-Kraut	1
Seesalz	1
ut'āīt-Frucht	1
Natron	1

zermahlen, zerreiben, in Eins mischen und den Körper damit einreiben.

Ein andres wirkliche uḥa-Krankheit zu vertreiben:

Oel	1
Rothes Korn	1
Seesalz	1
saīt[4])-Kraut	1
Natron	1

als Pflaster auflegen.

Ein andres uχedu zu vertreiben:

Mohnpflanze[5])	1
Mennige	1
Grüne Bleierde (?)	1

---

[1]) Cfr. Anm. 2 zu Seite 20.
[2]) Loret. Recueil de travaux etc. Vol. XI. S. 131.
[3]) Cfr. Seite 19.
[4]) Cfr. vorige Seite.
[5]) Brugsch. Wörterb. VI. S. 896 „Opium“.

Honig	1
sesqa-Körner	1
Frucht der Dumpalme	1
Kuchen	1
senen-Myrrhe	1
àber[1])-Oel	1
Fett	1

in Eins machen und dagegen[2]) geben.

Ein andres uχedu im Mund zu vertreiben[3]):

Absynth	$^1/_8$
ϑām-Pflanze	$^1/_8$
āām-Pflanze	$^1/_{16}$
Beere von χasīt[4])-Pflanze	$^1/_8$
Beere vom uān-Baum	$^1/_{16}$
Brodteig	$^1/_8$
Sebesten	$^1/_{16}$
Zwiebeln (?)	$^1/_8$
Weihrauch	$^1/_{64}$
Grüne Bleierde (?)	$^1/_{32}$
Nasturtium	$^1/_{64}$
utīt [Samen (?)] von Sycomore	$^1/_8$
āmu-Körner	1 denà

feucht stehen lassen, durchseihen, 4 Tage einnehmen.

Ein andres uχedu zu vertreiben:

Oel, ausgepresst aus Samen von der Ricinusstaude, damit eine Person bestreichen, die uḥa (-Geschwulst) mit stinkender Materie hat; siehe das Uebel wird vertrieben, als ob ihr (i. e. der Person) nichts fehlte; sie braucht das Oel gleicher Weise 10 Tage als Salbe, indem sie sich damit zwei Mal früh morgens bestreicht, um die Krankheit zu vertreiben, wie es sich immer gebührt.

Ein andres uχedu zu vertreiben:

Schale der Schildkröte	1
Natron	1
Frisches Baumöl (?)	1
sefet[5])-Oel	1

in Eins machen, erhitzen und damit salben.

---

[1]) Bezeichnung eines heiligen Salböls.
[2]) Gegen die Krankheit.
[3]) Eigentlich: abzuwehren, fernzuhalten.
[4]) Brugsch. Wörterb. VI S. 896 „Opium".
[5]) Cfr. Seite 18.

Ein andres uḥa-Krankheit und Hitzblattern[1]) (pustulae) zu vertreiben:

Frucht der Papyruspflanze	$^{5}/_{6}$
šaša[2])-Samen	$^{1}/_{4}$
Frucht der Dumpalme	$^{5}/_{6}$
Honig	$^{1}/_{3}$
Wasser	$^{1}/_{3}$ denå

feucht stehen lassen, durchseihen, 4 Tage einnehmen.

Ein andres Hautflecke[3]) zu vertreiben, die von uχedu entstehen[4]):

Feigen	$^{1}/_{8}$
Weizenbrod	$^{1}/_{32}$
Sebesten	$^{1}/_{8}$
Grüne Bleierde (?)	$^{1}/_{32}$
Wasser	$^{1}/_{3}$ denå

feucht stehen lassen, 4 Tage einnehmen.

Andre Mittel Hautflecke[3]) zu vertreiben, die von uχedu entstanden sind[4]):

šeneft[5])-Samen	1
Das Innere von Zwiebeln (?)	1
Grüne Bleierde (?)	1
šaša[2])-Samen	1
Harz von Acanthus	1
Harz von Terpenthin	1
Kuhmilch	1

gut durchkochen und 4 Tage trinken.

Andre Mittel XXX.[6]) für die Vorderseite des Schienbeins: XXX.

Das Innere des når[7])-Fisches, das innen in seinem Kopf sich findet, in Honig weichen, als Pflaster auflegen, um den Kranken sogleich zu heilen.

---

[1]) qaqat.

[2]) Cfr. Seite 6.

[3]) ånnut.

[4]) Eigentlich: Hautflecke der uχedu.

[5]) Cfr. Seite 4.

[6]) Hier folgt auf Tafel 27 unmittelbar 30, ohne dass der Text wie es scheint eine Unterbrechung erfahren hat; beim Numeriren hat der alte Schreiber wahrscheinlich die Zahlen 28 und 29 vergessen, cfr. Ebers „Das hermetische Buch über die Arzeneimittel etc." Leipzig 1875. Einleitung S. 17.

[7]) Ebers S. 169 „Wels".

Ein andres uχedu zu tilgen:

Weizenmehl	1
Durramehl	1
Mehl von der Dumpalmenfrucht	1
χet'-Pflanze	1
Honig	1

als Pflaster auflegen.

Ein andres eiternde Wunden zu heilen, die aus uχedu entstehen:

Gequetschte Dumpalmenfrucht	1
Süsses Bier	1
Bohnen	1
Harz von Acanthus	1
Charpie von Leinwand	1
Süsse Myrrhen	1
Süsses Bier zusetzen	1

darauf als Pflaster legen[1]).

Mittel den Leib und Anus zu heilen:

Milch	$3/4$
Gänseschmalz (?)	$1/8$
Gequetschtes uāḥ[2])-Korn	$1/3$
Kräuter des Feldes	$1/4$
Weinbeeren	$1/4$

durchseihen und einen Tag einnehmen.

Ein andres:

	Brodteig	$1\,1/2$
	Durrapulver	$1/4$
	Dattelpulver	$1/4$
	Honig	$1/16$
XXXI.	Kräuter des Feldes[3])	$1/4$
	Gänseschmalz	$1/8$

durchseihen und einen Tag einnehmen.

---

[1]) Hier folgt eine lange Beschwörungsformel, die hergesagt werden sollte, um die Medicamente wirksamer zu machen; da sie keine medicinische Bedeutung hat, überspringe ich sie.

[2]) Eine Getreideart (?).

[3]) Hier ist mit kleinerer Schrift zu Beginn der Tafel XXXI Folgendes eingeschoben: „Honig $1/8$ durchseihen und 4 Tage einnehmen. Ein andres: Wein $1/3$, Honig $1/32$, Kräuter des Feldes $1/8$, Zwiebelwasser (?) $1/4$.“

Ein andres:

Gänseschmalz	$^1/_{16}$
Honig	$^1/_{16}$
Kräuter des Feldes	$^1/_4$
Frisches Brod	$^1/_4$

durchseihen und einen Tag einnehmen.

Ein andres:

Zwiebelwasser (?)	$^3/_4$
flüssige Grütze	$^1/_3$
Gänseschmalz	$^1/_4$

kochen, zu einem Brei machen und jeden Tag einnehmen; dazu Bierschaum trinken.

Ein andres:

Kräuter des Feldes	$^1/_8$
Süsses Bier	$^1/_4$
Honig	$^1/_{16}$
Weihrauch	$^1/_{64}$
Beere vom uān-Baum	$^1/_{16}$
Weinbeeren	$^1/_3$
Feigen	$^1/_8$

feucht stehen lassen, durchseihen und täglich einnehmen.

Ein andres[1]) āaā[2])-Krankheit bei einem Patienten zu vertreiben, uχedu zu heben, heftige Schmerzen (Kolik), die über eine Person kommen, zu vertreiben und den Anus durch Kühlen zu heilen:

Absynth	$^1/_8$
Beere vom uān-Baum	$^1/_{16}$
Honig	$^1/_{32}$
Süsses Bier	$^1/_2$

durchseihen und 4 Tage trinken.

Andre Mittel Entzündung (Gluth, Hitze) im Anus und in der Blase[3]) bei einer Person zu vertreiben, die häufig Winde von sich giebt, ohne es zu wissen[4]):

àbu-Pflanze	1
Salz	1

---

[1]) nt doppelt geschrieben.
[2]) Chlorosis aegyptiaca.
[3]) šeptīt, vom Stamme šep = eine Flüssigkeit beseitigen.
[4]) Soll wohl soviel heissen wie: unfreiwillig.

Wassermelone	1
Honig	1

zerreiben, in Eins mischen, zu einer Kugel formen und in den Anus bringen.

Eine andre Kugel den Anus zu kühlen:

χeper-ur-Samen	1
Wachholderbeere	1
Beere vom uān-Baum	1
Weihrauch	1
Grüne Bleierde (?)	1
Seezungekörner	1
Kümmel	1
Honig	1
Myrrhen	1
Aloë	1

zu einer Kugel formen und in den Anus bringen.

Ein andres uχedu am Anus zu vertreiben:

Feigen	1
Seesalz	1
Weihrauch	1
Horn (?) von der Kuh	1

zu einer Kugel formen und in den Anus bringen.

Ein andres[1]) Brennen am Anus zu entfernen:

Antilopenfett	1
Kümmel	1 in gleicher Weise.

Mittel den Anus zu kühlen:

Baumöl (?)	1
Zwiebelwasser (?)	1
Oel	1
Honig	$^1/_3$

einspritzen in den Anus.

Andre Mittel den Anus zu lindern:

Weihrauch	1
sehtet-Körner	1
χesīt[2])-Samen	1
uān-Baum	1
Kümmel	1
Collyrium	1

---

[1]) nt mit schwarzer Tinte eingeschoben.
[2]) Brugsch, Wörterb. VI S. 896 „Mohnpflanze".

Zwiebel (?)	1
sa-Kraut-Samen	1
Baumöl (?)	1
Fett	1
Oel	1
Seesalz	1

zermahlen, zerreiben, zu einer Kugel formen und 4 Tage in den Anus bringen.

Ein andres gegen uneχ[1]) (Wunde?) am Anus: XXXII.

Myrrhen	1
Weihrauch	1
Cyperus des Binnenlandes	1
(Cyperus) des Nordens am Strande	1
Crocus	1
Coriander	1
Oel	1
Salz	1

in Eins kochen, in Charpie legen und in den Anus bringen.

Andre Mittel:

Gänseeier (?)	1
Gänseeingeweide (?)	1

in den Anus bringen.

Ein andres den Anus zu behandeln:

Milch	1/3
Gänseschmalz	1/8
Gequetschten uāḥ[2])-Samen	1/4
Kräuter des Feldes	1/4
Weinbeeren	1/4

durchseihen und einen Tag einnehmen.

Ein andres:

Gequetschte Durra	1/4
Gequetschte Datteln	1/4
Gequetschten Weizen	1/4
Honig	1/16
Kräuter des Feldes	1/4
Fett	1/8

in Eins bringen und einen Tag einnehmen.

---

[1]) Brugsch, Wörterb. V. S. 331. uneχ = „verwunden“.
[2]) Eine Getreideart (?)

Ein andres:

Gänseschmalz	$^1/_{16}$
Honig	$^1/_{16}$
Kräuter des Feldes	$^1/_4$
Frisches Brod	$^1/_4$

einen Tag einnehmen.

Ein andres:

Zwiebelwasser (?)	1
Honig	$^1/_8$

4 Tage trinken.

Andre Mittel:

Wein	$^1/_3$
Honig	$^1/_{32}$
Kräuter des Feldes	$^1/_8$
Zwiebelwasser (?)	$^1/_4$
Flüssige Grütze	$^1/_4$
Gänseschmalz	$^1/_4$

kochen, zu Brei machen und täglich mit Hefe vom Bier, das geschäumt[1]) hat, essen.

Ein andres:

Kräuter des Feldes	$^1/_8$
Süsses Bier	$^1/_4$
Honig	$^1/_{16}$
Weihrauch	$^1/_{64}$
Beere vom uān-Baum	$^1/_{16}$
Weinbeeren	$^1/_3$
Feigen	$^1/_8$
Sebesten	$^1/_8$

feucht stehen lassen und 4 Tage einnehmen.

Mittel Brennen[2]) am Anus zu verhindern, wenn er leidet in Verbindung mit uχedu in seinen (i. e. des Patienten) Beinen:

Das Innere von Zwiebeln (?)	$^1/_{32}$
Frischgekochte Grütze	$^1/_8$
Wachs	$^1/_{16}$
Gänseschmalz	$^1/_8$
Wasser	$^1/_3$ denȧ.

feucht stehen lassen und 4 Tage einnehmen.

1) Cfr. Seite 7 Anm. 2.

2) Determinirt durch die Flamme.

Ein andres, Brennen[1]) (Entzündung) am Anus zu vertreiben:

šaša[2])-Stücke	1
fuḥu-Samen	1
Teig	1
Wachholderbeere	1
Absynth	1
Knollen von der tektek-Pflanze	1
Grüne Bleierde (?)	1
Kern vom Sycomorenbaum	1
Knoblauch	1
Unreine Datteln	1

zerreiben, mischen und von einem Mann oder einer Frau zu trinken, die an Entzündung[1]) leidet.

Ein andres Entzündung[1]) am Anus zu vertreiben: XXXIII.

Bohnenmehl	1
Zwiebelmehl (?)	1
Myrrhen	1
åhemt-Harz	1
Collyrium	1

zu einer Kugel formen und in den Anus bringen.

Mittel nach anderen Aerzten zu kühlen:

Knoblauch	1/64
Wein	1/3
Galle (?) von einem fetten Ochsen	1/3
seter[3])-Trunk	5/6
Honig	

durchseihen und in den Anus giessen.

Ein andres:

Ochsengalle	1/3
Abgekochte Milch	5/6
Honig	1/3
māhui[4])-Frucht	1/3

durchseihen und einen Tag in den Anus giessen.

---

1) tau = Hitze.
2) Cfr. Seite 6.
3) Vielleicht Opium; determinirt mit dem Ruhebett.
4) Brugsch. Wörterb. VI. S. 563 „Wunderfrucht".

Ein andres:

Zwiebeln (?) 1
ånnek[1])-Pflanze 1
Wasser

in den Anus giessen.

Ein andres:

Zwiebelwasser (?) 1
Harz von Acanthus 1
Harz von Zizyphus Lotus[2]) 1
māhui[3])-Flüssigkeit

in den Anus giessen.

Ein andres den Anus zu kühlen:

Zwiebelmehl (?) $^1/_{32}$
Mäuseschwanz $^1/_{32}$
Honig $^1/_4$
Wasser $^1/_3$

durchseihen und 4 Tage einnehmen.

Ein andres die metu[4]) des Anus zu lindern[5]):

Fett $^1/_{64}$
Harz von Acanthus $^1/_{64}$

darauf streichen (salben).

Ein andres den kranken Anus zu heilen:

Kuhhorn 1
Stücke von getrocknetem Oel 1
Hefe von Wein

zu einem Zäpfchen für den Mann oder die Frau machen.

Ein andres Zäpfchen den Anus zu kühlen:

šaša[6])-Stücke 1
Zwiebelmehl (?) 1
Weinhefe 1
χeper-ur-Korn 1
Seesalz 1
Durramehl 1

---

[1]) Cfr. Seite 14. Anm. 3.
[2]) Lüring S. 157.
[3]) Cfr. vorige Seite.
[4]) metu hier wohl die Hämorrhoidalknoten.
[5]) Wörtlich: angenehm machen.
[6]) Cfr. Seite.

Dattelmehl 1
Honig 1

zu einem Zäpfchen machen und in den After bringen.

Linderung für den After und Linderung für den Unterleib[1]) zu schaffen:

Bohnenmehl	1
Natron	1
gemischt mit Myrrhen	1
χesaīt-Samen von māt'au[2])	1
Wachholderbeere	1
Beere vom uān-Baum	1
Weihrauch	1
Zwiebelmehl (?)	1
Kümmel	1
Honig	1

XXXIV.

zerreiben in Eins, mit diesem Honig mischen, zu einer Kugel formen und 4 Tage in den After bringen.

Zauberei in dem Leib zu vertreiben:

Das Innere der ḥemem[3])-Pflanze	1
Das Innere der ut'āīt-Frucht	1
Weihrauch	1
Kräuter des Feldes	1
Süsses Bier	

in Eins zusammenreiben und von der Person zu trinken.

Ein andres:

Greif meine Hand, Fass meine Hand-Kraut[4]), hinzusetzen 1 denā[5]) Wasser die Nacht hindurch und davon jeden Tag ein hennu[6])-Gefäss Wasser 4 Tage lang trinken.

Ein andres Zauberei in dem Leib eines Mannes oder einer Frau zu vertreiben:

Aloë 1
Wachholderbeere 1

---

1) Lüring S. 65 „Mutterleib"; Chabas schlägt die Uebersetzung „Blase" vor.
2) Brugsch. Wörterb. VI. S. 896 „Mohn vom Lande māt'au".
3) Brugsch. Wört. VI. S. 821 „eine gewisse Pflanzenklasse, aus der eine berühmte Salbe bereitet wurde".
4) Ebers S. 35.
5) denā = 0,6 Liter.
6) hennu = 0,46 Liter.

Roher Honig 1
Natron

in Eins bringen und von dem Mann oder der Frau zu essen.

Ein andres Zauberei und die göttliche[1]), tödtliche āaā-Krankheit in dem Leib einer Person zu vertreiben:

Die erste Frucht von Cyperus	1/8
šaša[2])-Stücke	1/8
Beere von θeḥui-Pflanze	1/64
ȧbu-Pflanze	1/8

zu Pulver stossen, in Bier bringen und von der Person gleich nach dem Zubettgehn zu trinken.

Ein andres:

Gequetschte Datteln, thun in Oel, thun in šebet[3])-Saft, auf Feuer setzen, dazu sar-Saft[4]) setzen

zu essen von einer Frau, ihren Leib zu schützen.

Ein andres:

ȧbu-Pflanze	1/64
šames-Pflanze	1/16
θeḥui-Frucht	1/64
Coriander	1/8

in Eins kochen und gleich nach dem Zubettgehn einzunehmen.

Ein andres:

šames-Pflanze	1/16
šaša[2])-Stücke	1/8
genti[5])-Samen	1/64
Honig	5/6

in Eins machen und gleich nach dem Zubettgehn zu nehmen.

Ein andres:

Trauben	1/8
Kuchen	1/16
šames-Pflanze	1/8
Honig	1/16
šaša[2])-Stücke	1/16

zerreiben und einzunehmen gleich nach dem Zubettgehn.

---

[1]) D. h. von Gott gesandte = Epidemie (?); cfr. die Einleitung.

[2]) Brugsch. Wört. VII. S. 1226 „Kuchen aus zusammengepressten Rosinen".

[3]) Brugsch. Wört. VII. S. 1175 „Mischtrank, Mixtur".

[4]) Lüring S. 21 „Hefe".

[5]) Brugsch. Wört. VII. S. 1269 „Cassia".

Ein andres: XXXV.

Frucht der Dumpalme	1/16
ånnek[1])-Pflanze	1/16
Wachholderbeeren	1/16
memå-Frucht	1/8
Absynth	1/8
Honig	1/3

einzunehmen gleich nach dem Zubettgehn.

Ein andres:

åbu-Pflanze	1/64
Coriander	1/16
Dumpalmenfrucht	1/16
šaša[2])-Stücke	1/8
šames-Pflanze	1/16
kochen in Honig	5/6

und von einer Frau um die Zeit des Zubettgehens einzunehmen.

Mittel Entzündung[3]) im Unterleib zu vertreiben:

Dumpalmenfrucht	1
Gerösteter Weizen	1
Weizenmehl	1
Durramehl	1
χet'-Pflanze	1
Honig	1

den Unterleib damit bepflastern (als Pflaster auf den Unterleib legen).

Ein andres:

Feigen	1
Kümmel	1
Mehl von uāḥ[4])-Samen	1
Honig	1
šefu-Oel	1

den Unterleib damit bepflastern.

Ein andres:

Beere vom uān-Baum	1
Weihrauch	1
Sebesten	1

[1]) Brugsch. Wört. V. S. 93 „Pflanze, die mit dem Mond in Verbindung steht".
[2]) Cfr. vorige Seite.
[3]) Hitze, Brennen.
[4]) Eine Getreideart (?).

Datteln	1
Oel	1
Hefe	1

davon ein Pflaster (machen und) auf den Unterleib legen.

Ein andres:

Mehl von uāḥ[1])-Samen	1
Honig	1
Oel	1
Pfefferminz	1
χet'-Pflanze	1

auf den Unterleib als Pflaster legen.

Ein andres:

Ein Stück vom Stamm der Leinpflanze	1
Frische Milch	

auf den Unterleib einer Person zu legen, die krank ist.

Ein andres:

Oel von zuoberst des des-Kruges[2]) auf den Unterleib der Person thun.

Ein andres:

šefšeft-Körner mit dem ausgegohrenen mesta-Getränk (?) mischen und auf den Unterleib der Person legen.

Ein andres die Todeskrankheit[3]) in dem Leib einer Person auszutreiben:

Beere von θeḥui-Frucht	1
Beere von Crocus	1
Frucht von Terpentin-Pistazie	1
Das Innere von der ut'ālt-Frucht	1
šaša[4])-Stücke	1

zermahlen, zerreiben und mit Honig von der Person zu essen.

Mittel den Rumpf[5]) zu heilen:

Zwiebeln (?)	$^1/_{16}$
Kümmel	$^1/_4$
Wein	

kochen und 4 Tage einnehmen.

---

[1]) Cfr. vorige Seite.

[2]) Ebers S. 20.

[3]) Wörtlich: der Tod; es ist wohl die āaā-Krankheit gemeint; cfr. hierzu die Einleitung.

[4]) Cfr. Seite 36.

[5]) šenebt; Lüring übersetzt „Brust"; Brugsch. VII. S. 1196 „Leib, Oberkörper, Torso".

Ein andres:

Gemahlene Durra	$^1/_4$
Cyperusknollen	$^1/_4$
netertu-Pflanze (Weihrauch (?))	$^1/_{32}$
Das Innere von Zwiebeln (?)	$^1/_{32}$
utīt von Sycomore	$^1/_{32}$
Beere vom uān-Baum	$^1/_{16}$
ϑām-Pflanze	$^1/_8$
Wasser	

4 Tage lang zu essen.

Ein andres den Rumpf zu heilen, alle Krankheiten im Leib zu vertreiben und den Mastdarm zu heilen:

Der Schaum[1]) von süssem Bier	
Zwiebeln (?)	$^1/_2$

thun in einen des-Krug als köstliches (Mittel) gegen den Tod; den Schaum anwenden; lass Du es jeder Zeit aufgewärmt essen; davon 1 hennu[3])-Gefäss jeden Tag trinken[2]).

Ein andres Brennen der uχedu am Rumpf zu vertreiben:

Feigen	1
Beere vom Weinstock	1
Sebesten	1
Beere vom XXXVI. uān-Baum	1
Weihrauch	1
Nasturtium	1
Kümmel	1
utā von Datteln	1
Süsses Bier	

XXXVI.

kohen, durchseihen und 4 Tage einnehmen.

Ein andres uχedu am Rumpf abzuwehren:

Harz von Acanthus	$^1/_8$
Süsses Bier	$^1/_3$ denâ[3])

zereiben, feucht stehen lassen, durchseihen und 4 Tage trinken.

Regeln, wenn der ro-âb[4]) leidend ist.

Wenn Du eine Person untersuchst, die an einem Hindernis (Verstopfung) an ihrem ro-âb leidet; sie fühlt sich beschwert, wenn sie Nahrung zu sich nimmt; ihr Leib schwillt auf, ihr

[1]) Am Rand mit blasser Tinte nefr = gut!
[2]) Die Uebersetzung ist unsicher! cfr. Tafel XI. Z. 18—XII. 3.
[3]) hennu = 0,46 Liter; denâ = 0,6 Liter.
[4]) Cfr. die Einleitung.

Herz ist matt, wenn sie geht, wie eine Person, die an Entzündung am Anus leidet; lass sie sich ausgestreckt hinlegen und untersuche sie. Findest Du, dass ihr Leib heiss, ihr ro-àb hart ist, so sage Du ihr: „es ist ein Leberleiden“ (eigentlich: L.-Fall); mach ihr das geheimnisvolle Pflanzenmittel, das der Arzt verschrieben hat[1]):

paχestet-Pflanze, Abfall von Datteln

mischen, in Wasser auflösen und vom Patienten 4 Morgen zu trinken, damit Du seinen Leib ausleerst. Wenn Du, nachdem dies geschehn ist, die beiden Seiten an seinem Leibe und zwar die rechte heiss[2]), die linke kühl findest, so sag Du dazu: „das ist eine Krankheit[3]) (?), die dabei ist, zu heilen, sie verzehrt sich“. Sieh ihn wieder. Findest Du, dass sein Leib überall abgekühlt ist, so sag Du: „seine Leber hat sich getheilt und gereinigt[4]); er hat die Medicin angenommen (d. h. sie hat gewirkt)“.

Untersuchst Du eine Person, deren ro-àb krank ist, alle ihre Glieder sind beschwert, wie (von einer Person), die geht um sich legen (d. h. die schwerfällig und matt ist); leg dann deine Hand auf ihren ro-àb. Findest Du, dass ihr ro-àb geschwollen ist und dass es geht und kommt (d. h. dass die Geschwulst sich bewegt) unter deinen Fingern, so sag Du dazu: „es ist ein Fehler in der Verdauung der
XXXVII. Speisen“[5]). Nicht lass sie XXXVII. zuerst essen; mach ihr radikale Abführung:

Abfall von Datteln auflösen in abgestandenem Bier; (nachher) gehen und ihr Brod essen[6]).

Untersuchst Du ihn, nachdem dies geschehn ist, und Du findest seine Kreuzgegend warm, seinen Leib abgekühlt, so sag Du: „der Mangel an Abführung ist gehoben“; lass ihn seinen Mund schützen vor (gegen) allem Heissen[7]).

---

[1]) Lüring hält das für den Titel einer medicinischen Schrift.

[2]) Mit dem Determinativ der Flamme; nachträglich eingeschoben mit rother Dinte.

[3]) χaït = [Brugsch VI. S. 884] „Krankheit in ihren verschiedenen Formen, Schwäche“.

[4]) Die Uebersetzung ist nicht sicher! eigentlich: abgeschäumt.

[5]) Eigentlich: es ist ein Aufhören der Verdauungsthätigkeit.

[6]) Erst wenn er das Mittel genommen und spazieren gegangen ist, nimmt er wieder Nahrung zu sich; vorher soll er sich der Nahrung enthalten.

[7]) Er soll sich in Acht nehmen, es meiden.

Wenn Du eine Person untersuchst mit Hindernis (Verstopfung) und Neigung zum Brechen; es ist Krankes[1]) in seinen Seiten wie Excrementkugeln, so sind das in seine Seiten aufgestiegene Schädlichkeiten; es ist sein ro-àb geschwollen. Verschreib ihm folgendes Linderungsmittel zu trinken:

frische Grütze, kochen in Oel, Honig

Absynth	$^1/_{32}$
Wachholderbeere	$^1/_{16}$
šaša[2])-Stücke	$^1/_8$

dazu thun, in Eins kochen und 4 Tage trinken.

Wenn Du ihn nachher untersuchst und findest es mit seiner Krankheit[3]) wie das erste Mal, so bezeichnet das Heilung.

Wenn Du eine Person mit einem Leiden an ihrem ro-àb untersuchst; sie ist krank an ihrem Arm, ihrer Brust (Mamma) und der Gegend ihres ro-àb und es ist ihr gesagt, es ist die uat[4])-Krankheit, so sag Du dazu: „es ist der Tod, der in den Mund eingedrungen ist und dort haust. Mache ihr ein Wundmittel[5]) aus (folgenden) Pflanzen:

Beere von teḥua[6])	1
χasīt[7])-Pflanze	1
Pfefferminz	1
ànnek[8])-Pflanze	1
Rother Samen von seχet	1

in Oel kochen und vom Patienten zu trinken.

Leg Du deine Hand[9]) auf ihn, sein Arm wird mit Leichtigkeit ausgestreckt, frei von Schmerzen. Sag Du: „dieses Leiden ist den wirklichen Darmkanal zum After herabgegangen; ich wiederhole gar nicht mehr das (Arzenei)mittel".

Wenn Du eine Person untersuchst, die das Leiden an ihrem ro-àb hat, sie bricht oft und Du findest es

---

1) Cfr. vorige Seite Anm. 3.
2) Cfr. Seite 36.
3) χaīt.
4) Wörtlich: die grüne, blühende, frische.
5) Eigentlich: stechendes Mittel; der Sinn ist unklar.
6) Sonst θeḥui.
7) Brugsch VI. S. 896 „Opium".
8) Cfr. Seite 37 Anmerk. 1.
9) detek = „deine Hand" ist mit blasser, schwärzlicher Tinte dazwischen geschrieben.

(als etwas) Hervorragendes innen auf der Vorderseite[1]); seine beiden Augen sind ermattet und seine Nase verstopft; sag Du zu ihm: „es ist Fäulnis seiner Excremente; es geht nicht durch seine Weichen ab als Excremente von ihm. Mach ihm dafür (folgendes Mittel):

Weizenbrod, Absynth in besonders grossen Mengen; dazu
XXXVIII. setzen ein kleines Gefäss XXXVIII. mit Knoblauch nebst
säatet[2]) davon mit Bier; fettes Ochsenfleisch
vom Patienten zu essen und mit Bier, das aus mehreren Ingredienzien gebraut ist, zu trinken, um seine beiden Augen zu öffnen, seine Nase zu öffnen und Abgang für die Excremente zu schaffen.

Untersuchst Du eine Person mit Verhärtung ihres ro-âb, so leg deine Hand darauf. Findest Du, dass ihre χaīt[3]) sich verstärkt hat zwischen den darauf gelegten Fingern, so sag Du ihr: „es ist die seχen[4])-Krankheit der uχedu, die nicht gehoben ist"; mach ihr das Pflanzenmittel:

Rothe Körner von ment'â[5])	$^{5}/_{6}$
kochen Oel in Honig	
θām-Pflanze	$^{1}/_{16}$
Wachholderbeere	$^{1}/_{16}$
šaša[6])-Stücke	$^{1}/_{8}$
Cyperus vom Strande[7])	$^{1}/_{16}$
Cyperus vom Binnenlande	$^{1}/_{16}$
Wein	
Milch	

zu essen und herabzuschlucken mit süssem Bier, damit er sogleich geheilt werde.

Wenn Du eine Person mit einem Leiden an ihrem ro-âb untersuchst, sie ist krank an ihrem Arm, ihrer

---

[1]) D. h. eine kleine Geschwulst vorn; übrigens ist die Uebersetzung nicht ganz sicher!

[2]) „Gebrochenes?"; vielleicht: kleine Stücke.

[3]) Cfr. Seite 40 Anm. 3; hier vielleicht: die kranke Stelle (?).

[4]) Brugsch. Wört. VII. S. 1109 „Geschwür"; er vergleicht damit das Hebr. שְׁחִין, die sechste der 10 ägyptischen Plagen; cfr. II. Buch Mose Cap. 9 Vers 9 (Die israelit. Bibel von Dr. Philippson).

[5]) Brugsch: „weiches Wachs".

[6]) Cfr. Seite 36.

[7]) Cfr. Disscorides. Περὶ ὕλης ἰατρικῆς. Lib. I. Cap. IV. „φύεται δὲ ἐν τόποις ἐργασίμοις καὶ τελματώδεσιν".

Brust und der Gegend ihres ro-àb und es ist ihr gesagt, es ist die uat-Krankheit, so sag Du dazu: „es ist der Tod, der in den Mund eingedrungen ist und dort haust“. Mach ihr ein Wundmittel aus (folgenden) Pflanzen:

Beere von teḥua	1
χasît-Pflanze	1
Pfefferminz	1
ànnek-Pflanze	1
Rother Samen von seχet	1

in Bier[1]) kochen und vom Patienten zu trinken.

Leg Deine Hand auf ihn, sein Arm wird mit Leichtigkeit ausgestreckt, frei von Schmerzen. Sag Du: „das[2]) Leiden ist den wirklichen Darmkanal zum After herausgegangen; ich wiederhole gar nicht mehr das (Arzenei)mittel“.

Wenn Du eine Person untersuchst, die das Leiden an ihrem ro-àb hat; sie bricht oft und Du findest es (als etwas) Hervorragendes innen auf der Vorderseite; seine beiden Augen sind ermattet und seine Nase verstopft; sag Du zu ihr: „es ist Fäulnis seiner Excremente; es geht nicht durch seine Weichen ab als Excremente von ihm. Mach ihm dafür (folgendes Mittel):

Weizenbrod, Absynth in besonders grossen Mengen; dazu setzen ein kleines Gefäss voll mit Knoblauch nebst säatet davon mit Bier; fettes Ochsenfleisch

vom Patienten zu essen und mit Bier, das aus mehre- XXXIX.
ren Ingredienzien gebraut ist, zu trinken, um seine beiden Augen zu öffnen, seine Nase zu öffnen und Abgang für die Excremente zu schaffen[3]).

Untersuchst Du eine Person, die von Zeit zu Zeit Schmerzen hat wie diejenigen, welche Unreinlichkeiten gegessen haben; ihr Herz ist matt, als ob die Gebrechlichkeit des Alters über sie gekommen[4]), so sag Du: „es ist eine Ansammlung von kranken Säften“; er soll sich nicht über die Krankheit übermüthig hinwegsetzen oder sein Vertrauen auf

---

[1]) In der Variante Tafel 37. 14. heisst es „in Oel“.
[2]) In der Variante Tafel 37 Z. 16 heisst es „dieses Leiden“.
[3]) Die Tafel 38. 10—39. 2 wiederholt nur Tafel 37. 10—38. 3; die Abweichungen an beiden Stellen sind geringe; cfr. Seite 39 und die betreffenden Anmerkungen.
[4]) Die Uebersetzung ist nicht ganz sicher!

schwache Mittel setzen. Es hat sich ein Geschwür gebildet; es ist fauler Eiter und Fluss von der Wunde[1]). Mach ihm die Mittel, die es (das Geschwür) durch Arzeneimittel öffnen[2]).

Wenn Du eine Person untersuchst, die das Leiden an ihrem ro-âb hat, ihre Glieder sind zart und ganz ermattet; Du untersuchst sie und findest keine Wunde[1]) am Leib ausgenommen an den Geschlechtsorganen[3]) (?) wie ein Kügelchen, so sag Du zu ihr: „es ist Gefährliches in Dir“[4]); mach ihr als Mittel dagegen:

Alraunen von Elefantine, zermahlen
deš[5])-Samen
Zwiebeln (?)
kochen in Oel und Honig

vom Patienten 4 Morgen zu essen, um seinen Durst zu löschen und das Gefährliche seines Herzens[6]) zu vertreiben.

Wenn Du die Verstopfung (Hindernis) an seinem ro-âb untersuchst und findest, er ist nicht im Stande, über den Nil zu setzen (sich zu bewegen), es ist sein Herz[6]) angeschwollen und sein ro-âb asthmatisch[7]), so sag Du ihm: „es ist das Blut, das sich festgesetzt hat[8]) und nicht circulirt“. Mach Du Ausleerung[9]) durch Arzeneimittel. Mach ihm dafür (folgendes Mittel:)

Absynth	1/8
Wachholderbeeren	1/16
Sebesten	1/8
šaša[10])-Stücke	1/8

in Bier kochen, das aus verschiedenen Ingredienzien gebraut ist, durchseihen in eins (gut) und vom Patienten zu trinken. Dieses Mittel treibt (Blut) durch seinen Mund oder

---

1) χaît.
2) Das specielle Recept fehlt hier.
3) Die Uebersetzung ist unsicher; eigentlich „an dem ḥenut des Körpers“.
4) „In deinem Hause.“
5) Brugsch Wört. VII. S. 1375 „Leinsamen“.
6) Oder Magen.
7) Unsicher!
8) Eigentlich: est ist ein Blutnest.
9) Eigentlich: „fallen, gehn“; zu ergänzen: des Blutes.
10) Cfr. Anmerkung 2 zu Seite 36.

After aus, das dem Schweineblut gleicht, wenn es gekocht ist. Entweder mach ihm einen Umschlag, um vorn zu kühlen; oder mach Du nicht dieses Mittel, sondern mach ihm folgende wirklich ausgezeichnete Salbe bestehend aus:

Ochsenfett, Samen von Crocus, Coriander, Myrrhen, äager-Baum

zermahlen und als Pflaster auflegen.

Wenn Du eine Person untersuchst, die leidet an einer Verstopfung[1]) an ihrem ro-XXXX. àb und Du findest, dass sie geht und kommt (sich bewegt) unter deinen Fingern wie Oel in einem Schlauche, so sag Du dazu: „es kommt ihm in den Mund wie Schleim"; mach Du für ihn (folgendes Mittel): XXXX[2]).

Frucht von der Dumpalme $1^1/_{12}$

mischen, auflösen in männlichem Samen[3]), zermahlen, in Oel und Honig kochen und von der Person 4 Morgen zu essen; darauf diesen bestreichen mit trockenem, zerriebenem und zerstampftem mâqet-Korn.

Wenn Du eine Person untersuchst, die das Leiden an ihrem ro-àb hat und findest es an ihrem Rückgrat wie die Beschwerden von Messerträgerkrankheit[4]), so sag Du dazu: „das sind die uχedu, die in seinen Rücken übergegangen sind"; er ist krank, ich will die Rücken-Mittel machen; es (das Mittel) geht in ihn hinein, als ob[5]) es hineinhüpft (?). Mach Du ihm eine Topfhefe[6]) und mach ihm nachher folgende Mittel:

χet'-Pflanze (frutex hortensis)	1
Pfefferminz	1
Harz von Acanthus	1
Maurerlehm	1

zermahlen, kochen in Hefe von süssem Bier und 4 Tage aufstreichen, um ihn sogleich zu heilen.

Wenn Du die Verhärtung seines ro-àb untersuchst

---

1) Hier wohl eine Art Geschwulst.

2) Obenan auf Tafel XXXX steht „Abfall von Datteln $^5/_6$".

3) Der weisse milch- oder schleimartige Same des Mannes. L.

4) Eine Krankheit, die auch im Berliner med. Papyrus beschrieben ist; cfr. Brugsch VI. S. 968.

5) Ich fasse hier m gleichbedeutend mit mâ auf.

6) Ebers S. 19.

und findest[1]), es ist sehr viel schlimmer geworden, so sag Du zu ihm: „diese Verhärtung bringt Dir schmerzhafte[2]) Convulsionen[3]) und ist wie ein Leiden[4]), das sich im Leib erhebt. Mach Du ihm:

ϑām-Pflanze	1
šaša[5])-Stücke	1
Cyperus vom Strande	1
Cyperus vom Binnenlande	1
Zwiebeln (?)	1

in süssem Bier kochen, um ....[6]).

Wenn[7]) Du eine Person mit Verhärtung an ihrem ro-áb untersuchst; sie bricht und ist sehr krank, ihr Leiden ist wie eine Wunde[8]), so sag Du: „gehoben sind die uχedu, sie umschlingen ihn nicht[9]). Mach ihm zu trinken:

Feigen	$^1/_8$
Milch	$^1/_{16}$
Brodteig	$^1/_8$
ruhen lassen in süssem Bier	$^1/_2$

durchseihen und sehr häufig einnehmen, um ihn sogleich gesund zu machen.

Wenn[10]) Du eine Person untersuchst, die das Leiden an ihrem ro-áb hat, so leg deine Hand auf ihn. Findest Du ihre rechte Seite angeschwollen[11]), so sag Du: „.......“[12]); mach Du ihr dagegen als Augenblicksmittel:

Dumpalmenfrucht durchseihen und 4 Tage trinken.

---

[7]) Am Rand der Tafel ist mit blasser, schwarzer Tinte nefr = gut hinzugefügt.

[2]) Cfr. Zeitschr. f. aegypt. Spr. 1880. S. 14; eigentlich: „bitter“.

[3]) Aegyptisch: hīt; Brugsch VI. S. 747 „convulsiones inducere“.

[4]) Aegyptisch: nesīt; cfr. Brugsch VI. S. 696 = Schmerz, Leiden.

[5]) Cfr. S. 36 Anm. 2.

[6]) Die Uebersetzung ist unsicher.

[7]) Am Rand ist mit blasser schwarzer Tinte nefr = gut hinzugefügt.

[8]) Wörtlich: sie leidet daran (an dem ro-áb).

[9]) Eigentlich: sie legen keinen Strick um ihn.

[10]) Am Rand ist mit schwarzer blasser Tinte nefr = gut hinzugefügt.

[11]) Eigentlich: wenn Du ihn gehoben findest auf seiner rechten Seite.

[12]) Die Uebersetzung ist unsicher.

Wenn Du ihn untersuchst XXXXI., nachdem dies geschehn ist und findest, dass diese seine kranke Stelle [1]) gleich bleibt wie vorher, so mach Du ihm das Linderungsmittel zu seiner Ausleerung und Heilung [2]): XXXXI.

Beere von teḥua [3]) $^1/_{64}$
Eine Priese (Portion) Salz

zermahlen, in süssem Bier kochen.

Mach Du ihm das Linderungsmittel von Oel zu seiner Ausleerung:

Eine grosse Portion seχet-Frucht zermahlen, in Oel und Honig kochen [4]) und vom Patienten 4 Tage lang zu essen.

Wenn [5]) Du eine Person mit Verhärtung an ihrer linken Seite untersuchst, sie hat Füsse [6]), dass sie nicht auf dem Boden gehn kann, so sag Du zu ihr: „sie hat Sandbänke gegraben und Sand gehoben" (vermuthlich ein Ausdruck dafür, dass sie sich angestrengt hat). Mach Du ihr die Mittel, die vorher genannt waren:

Dumpalmenfrucht	$^1/_4$
θām-Samen, zermahlen	$^1/_8$
Wachholderbeere	$^1/_{16}$
šaša [7])-Stücke	$^1/_8$

in Eins kochen mit Oel 1 und Honig ein wenig und vom Patienten 4 Tage lang zu essen.

Wenn Du den Kranken untersuchst, nachdem dies geschehn ist und Du findest, dass sie [8]) sich bewegt, der untere Theil ausgenommen [9]), so mach Du ihm:

Eine Masse von trockenen pesed-Körnern ebenfalls [10]) zu kochen und vom Kranken 4 Tage zu essen, um seinen Leib

---

[1]) Aegytisch: χaīt; cfr. Seite 40 Anm. 3.
[2]) Eigentlich: damit es herausfalle und er gesund werde.
[3]) Sonst θeḥui.
[4]) pes ist mit schwarzer Tinte hineingeschrieben.
[5]) Am Rand ist mit schwarzer Tinte: „nefr ār = „gut zu bereiten" hinzugefügt.
[6]) Eigentlich: Gelenke, insbesondre Fussgelenke.
[7]) Cfr. Seite 36 Anm. 2.
[8]) Die Verhärtung.
[9]) Die Uebersetzung ist unsicher!
[10]) Unsicher; vielleicht: Kochen mit Umdrehen (?).

zu füllen und seine Eingeweide [1]) anzufeuchten [2]) (einzutauchen). Leg Deine Hand darauf; findest Du sie [3]) zerstückelt und zermahlen wie etwas in der uaḥīt-Pflanze [4]), so mach Du ihm augenblicklich zur Kühlung:

Frucht von der Dumpalme	1
fuḥ-Körner	1
Wasser	

durchseihen und 4 Tage lang einnehmen.

Wenn Du eine Person mit einem Leiden an ihrem ro-àb untersuchst und Du findest, nachdem sie über den Nil gesetzt hat, dass sie krank ist an ihren beiden Seiten, ihr Leib ist aufgetrieben, wenn sie Nahrung zu sich nimmt [5]), ihr Magen (Herz) fühlt sich beschwert bei ihrem Hineintreten [6]), so ist es die beθetu-Krankheit [7]). Kämpfe Du gegen sie mit Linderungsmitteln, nachdem er einen Umschlag von Weizenwasser erhalten hat. Wenn sie sich hernach unter deinen Fingern bewegt, so brauche Du bei ihm 4 Morgen die Klystierspritze [8]). Ihr Eindringen (der Spritze) verwundet; dagegen ist zu brauchen:

uāḥ [9])-Körner	$^1/_2$
Gummitropfen	$^1/_8$
Grüne Bleierde (?)	$^1/_{16}$

in Oel und Honig kochen und vom Patienten 4 Tage lang einzunehmen.

Wenn sie sich nachher unter Deinen Fingern bewegt, wie Sandkörner, alle seine Glieder brennen unter der deḥert [10])-Krankheit

Brod in Gährung

---

1) Brugsch VII. S. 1241 „Geschlinge".
2) Lüring S. 80.
3) Die Verhärtung.
4) Kohl oder Getreide.
5) Eigentlich: von dem Brode.
6) D. h. wenn die Person Nahrung geniesst und sie in den Magen kommt.
7) Nach Brugsch: confractio, contorsio, tortura.
8) Ebers S. 19.
9) Eine Getreideart (?).
10) Sterns Glossar zu dem Papyrus Ebers: putredo, morbus cutis.

Etwas vom Horn
Nahrungsmittel von Enten
geht in ihn hinein, als ob es hineinhüpft[1]).

Wenn Du eine Person untersuchst mit Verhärtung an ihrem ro-àb, ihr Herz (Magen) schmerzt sie, Unbehagen XLII. ergreift sie bei jeder Nahrung, die sie isst, ihr XLII.
ro-àb ist angeschwollen, sie leidet an ihren beiden Füssen, ihren Fusssohlen, aber nicht an ihren beiden Schenkeln; untersuchst Du ihn und findest seinen ro-àb schwach wie eine Frau, die ein Kind geboren hat[2]), und sein Kopf ist schwach, so sag Du ihm: „es ist eine Verstopfung der Excremente; das Wasser dringt in ihn hinein, als ob es hineinhüpft[3]). Mach Du ihm die Mittel des Geheimnisses[4]), das nur für den Arzt ist, ausgenommen für deine eigene Tochter:

Grünen, nicht getrockneten Weizen in Wasser kochen, ohne zu verdampfen; es vom Feuer nehmen, um es mit Dattelabfall zu mischen; durchseihen und in 4 Tagen einnehmen, damit er sogleich geheilt werde.

Wenn Du eine Person untersuchst[5]), die Verhärtung hat, ihr Herz (Magen) schmerzt sie, ihr Gesicht ist bleich, ihr Herz klopft (?); wenn Du ihn untersuchst und findest sein Herz (Magen) brennend, seinen Leib aufgetrieben, so ist es die seχen[6])-Krankheit in der Tiefe, und der Brand verzehrt ihn. Mache Du ihm ein Mittel, das den Brand löscht und seine Eingeweide ausleert durch Trinken von süssem Bier, das in getrocknetem Teig gestanden hat; zu essen und trinken 4 Tage lang. Sieh Du jeden Morgen in 6 Tagen nach, was aus seinem After herausfällt. Wenn die nāat'et (Excremente?) aus ihm herausfallen wie schwarze Klümpchen, so sag Du ihm: „dieser Körperbrand ist auf sein Herz (Magen) gefallen, die àsī-Krankheit[7]) seines Leibes

---

[1]) Die Uebersetzung dieses kleinen Abschnittes ist unsicher; es scheint etwas ausgelassen zu sein; cfr. Tafel 40 Z. 7.

[2]) Eigentlich: hervorgestossen hat.

[3]) Die Uebersetzung des letzten Satzes ist unsicher!

[4]) Im Papyrus steht seta, was keinen Sinn giebt, wohl fälschlich statt sešta.

[5]) χaek ist mit blasser rother Dinte nachträglich dazwischengeschrieben.

[6]) Brugsch VII. S. 1109. „heiss sein, Geschwür"; cfr. Seite 42 Anm. 4.

[7]) Brugsch I. S. 120 „damnum sive detrimentum".

ist verkleinert[1]). Untersuchst Du ihn, nachdem dies geschehen ist, und es tritt etwas aus seinem After wie das Weisse von Bohnen[2]), und Tropfen schiessen aus ihm hervor wie nešu von tepaut[3]), so sag Du dazu: „das was in seinem ro-áb
XLIII. ist, XLIII. fällt herunter". Mach Du ihm Mittel, die das Gesicht kühlen; den Kessel über Feuer stellen, eine Mischung ihm machen und auf dieselbe Weise[4]) kochen.

Ein andres[5]) Mittel zur Vertreibung der Verhärtung am ro-áb:

Brod von Zizyphus Lotus[6])	1
Wassermelone	1
Katzenkoth	1
Süsses Bier	1
Wein	1

in Eins machen und als Pflaster auflegen.

Ein andres Verhärtung an der rechten Seite zu heilen und den Schmerz[7]) ihm auszutreiben:

šeneft[8])-Körner	1 dená
Weisse seχet-Frucht	1/8
Grüne seχet-Frucht	1/8
Fibern der χasīt-Pflanze[9])	1/16
Beere vom uān-Baum	1/16
Crocus des Berges	1/8
Crocus des Nordens	1/8
Lotusblume	1/8
Myrrhen	1/16
χet'-Pflanze	1/8
Grünspan von der Barke	1/8
sefet[10])-Oel	1/16
teun-Pflanze	1/8

---

1) Hat abgenommen.
2) Brugsch VII. S. 1207. Cfr. Ebers, l. l. S. 18.
3) Die Uebersetzung ist unsicher!
4) Unsicher;cfr. Seite 47 Anm. 10. Dieser ganze Abschnitt bietet der Uebersetzung sehr grosse Schwierigkeiten.
5) Folgt unvermittelt ohne Absatz; ket ist mit schwarzer Tinte geschrieben.
6) Lüring S. 157.
7) Aegyptisch: nesīt = Schmerz, Krankheit, Leiden.
8) Cfr. Seite 4. Anm. 3.
9) Brugsch. Wört. VI. S. 896 „Mohnpflanze".
10) Ein heiliges Salböl.

Honig	$^1/_{32}$
Bier	$^1/_3$
Gänseschmalz[1])	$^1/_8$

feucht stehen lassen, durchseihen, 4 Tage lang einnehmen.

Ein andres Verhärtung an der rechten Seite zu vertreiben, wenn das Feuer[2]) (die Entzündung) abnimmt:

Feigen	$^1/_8$
Sebesten	$^1/_8$
genti-Samen[3])	$^1/_{16}$
Weinbeeren	$^1/_{16}$
ȧnest-Pflanze	$^1/_{16}$
Beere vom uān-Baum	$^1/_{16}$
Milch	$^1/_8$
Honig	$^1/_8$
Weihrauch	$^1/_8$
Weisser Kuchen	$^1/_{32}$
Brodteig	$^1/_{16}$
Grüne Bleierde (?)	$^1/_{32}$
Harz von Acanthus	$^1/_{32}$
Wein	$^1/_3$
Harz von Zizyphus Lotus[4])	$^1/_{32}$
Harz von Sycomore	$^1/_{32}$
Bier	$^1/_3$ denȧ

feucht[5]) stehen lassen, durchseihen und 4 Tage lang einnehmen.

Ein andres Verhärtung zu vertreiben, wenn das Blut am ro-ȧb frisst[6]):

---

[1]) set = „Gans“ ist mit schwach-rother Tinte hinzugefügt.

[2]) Wörtlich: wenn es erlischt.

[3]) Brugsch VII. S. 1269. „Cassia“.

[4]) Cfr. Lüring S. 157.

[5]) Ausnahmsweise ist hier die Verordnung mit rother Tinte geschrieben.

[6]) Die Erklärung des ȧm-senef bei Brugsch V. S. 76. ist wohl nicht richtig; überall wo von „Blutfressen“ im Papyrus die Rede ist, nämlich 43. 14; 75. 19; 87. 17; 87. 20; 88. 1; 89. 14 ist das ȧm durch die den Finger zum Mund führende Person determinirt im Gegensatz zu ȧm mit der Bedeutung „quod est in“, wo dieses Determinativum fehlt.

Mischung von Wein und Wasser	1
Saure Milch	1
Baumöl (?)	1

in Eins machen und als Pflaster auflegen.

Andre[1]) Mittel für den ro-àb:

uāḥ[2])-Körner	$^1/_3$
Weinbeeren	$^1/_3$
Kräuter des Feldes	$^1/_4$
Feigen	ein wenig
Teig von Sycomore	
oder Zwiebeln (?) von der Oase	

zermahlen, zerreiben, in süsses Bier von zur Ernährung erforderlichem Getreide[3]) (also Weizen- oder Gerstenbier) thun[4]), feucht stehen lassen, es nicht trocken (oder) zugedeckt finden lassen, dazu thun:

Honig	$^1/_3$
Gänsefett	$^1/_3$

in Eins machen und von einem Mann oder einer Frau zu trinken.

Ein andres Verhärtung am ro-àb zu vertreiben:

Brod von Zizyphus Lotus[5])	1
Katzendreck	1
Mennige	1
Wassermelone	1
Süsses Bier	1
Wein	1

in Eins machen und als Pflaster darauf legen.

Andre[1]) Mittel für den ro-àb:

Honig	1
Baumöl (?)	1
Weihrauch	1
Wein	1

XLIV. in Eins thun, kochen und essen.

Ein andres:

Honig	2
Mehl von der Dumpalmenfrucht	2
Kräuter des Feldes	1

---

[1]) Wörtlich: Ein andres: Mittel etc.
[2]) Wohl eine Getreideart (?).
[3]) Uebersetzung ist nicht sicher; cfr. Brugsch VII. S. 1365.
[4]) Wörtlich: gethan.
[5]) Cfr. Lüring S. 157.

zu 4 Kuchen machen für 4 Tage; nachher Honig kochen, vorher hinzufügen[1])

Mehl von Dumpalmenfrucht
Kräuter des Feldes

4 Tage lang essen.

Ein andres für den ro-åb:

Weihrauch	$1/64$
Wachholderbeere	$1/8$
Kräuter des Feldes[2])	$1/4$
Honig	$1/4$
Wein	$1/8$
Gänseschmalz	$1/8$

kochen und einen Tag einnehmen.

Ein andres Krankheiten am Herzen zu vertreiben:

Dattelmehl	$1/4$
Zwiebeln (?)	$1/32$
ämamu-Pflanze	$1/8$
Süsses Bier	$1/8$ denå

kochen, durchseihen und 4 Tage einnehmen

tehebu-Baum[3]) $1/2$.

Ein andres:

Milch	$1/8$
Honig	$1/16$
Wasser	$1/2$

kochen, durchseihen und 4 Tage einnehmen.

Mittel suš[4]) der Fieber(hitze) am Herzen zu vertreiben:

ånest-Pflanze	1
Sebesten	$1/8$
Weizenbrod	$1/8$
Kuchen	$1/32$
Blüthen von Cucumis melo	$1/32$
genti[5])-Samen	$1/32$

---

1) Eigentlich: dazu fallen lassen.

2) ta = „Feld“ ist mit rother Tinte dazwischengeschrieben.

3) Hier ist wohl etwas ausgelassen; cfr. T. VII. Zeile 21.

4) Brugsch VII. S. 1022 bringt das Wort mit der Messschnur zusammen; Sterns Glossar: angor seu siccitas? Ich schlage die Uebersetzung „Beklemmung (Dyspnoë?) in Folge von etc.“ vor; die Annahme des ersten Autors spricht ebenfalls für diese Uebersetzung.

5) Brugsch VII. S. 1269 „Cassia“.

Honig	$^1/_4$
Wasser	1 denå

feucht stehen lassen und 4 Tage lang trinken.

Ein andres das Herz zu behandeln:

Cucumis melo	$^1/_{32}$
Brodteig	$^1/_3$
Grüne Bleierde (?)	$^1/_{32}$
Frische Datteln	$^1/_3$
Honig	$^1/_3$
Wasser	1 denå

feucht stehen lassen, durchseihen und 1 Tag einnehmen.

Der Beginn der Mittel äaā[1])-Krankheit im Leib und im Herzen zu vertreiben:

šames-Pflanze	$^1/_{16}$
šaša[2])-Stücke	$^1/_8$
Grüne Bleierde (?)	$^1/_{64}$
Honig	$^5/_6$[3]) (?)

in Eins machen und gleich nach dem Zubettgehen einzunehmen.

Ein andres:

Cyperus	$^1/_8$
šaša[2])-Stücke	$^1/_8$
Wachholderbeere	$^1/_{16}$
Grünspan	$^1/_{64}$
sehtet-Körner	$^1/_{32}$
pesed-Samen[4])	$^1/_{32}$
Honig	$^5/_6$[3]) (?)

in Eins machen und gleich nach dem Zubettgehen einzunehmen.

Ein andres:

Gummi	$^1/_{32}$
Weintrauben	$^1/_{16}$
šaša[2])-Stücke	$^1/_8$
šames-Pflanze	$^1/_{16}$
Honig	$^5/_6$[3]) (?)

in Eins machen und gleich nach dem Zubettgehen einzunehmen.

Andre Mittel:

---

1) Cfr. die Einleitung.

2) Brugsch. Wört. VII. S. 1226 „Kuchen aus zusammengepressten Rosinen“.

3) Ebers S. 50.

4) Ebers S. 101 „Gerste“.

uāḥ[1])-Körner, zermahlen	$^1/_3$
Blätter der Ricinuspflanze[2])	$^1/_8$
χesu von der Sycomore	$^1/_8$
Grüne Datteln	$^1/_8$
Lotusblume	$^1/_8$
Frischer Brei	$^1/_2$
Wasser	1 denȧ

auflösen und sogleich nehmen.

Ein andres die göttliche, tödtliche[3]) āaā-Krankheit im Leib einer Person zu vertreiben: XLV.

Harz XLV. von Acanthus	$^1/_{32}$
Harz von Pistacia terebinthus	$^1/_{32}$
Frucht von Pistacia terebinthus	$^1/_{32}$
Zwiebel (?)	$^1/_8$
Salz	$^1/_{32}$
Weintrauben	$^1/_8$
Kern der ut'āït-Frucht	$^1/_{32}$
šaša[4])-Stücke	$^1/_8$
šames-Pflanze	$^1/_{16}$
Honig	$^5/_6$[4]) (?)

in Eins machen und gleich nach dem Zubettgehen einnehmen.

Ein andres:

ȧnest-Pflanze	$^1/_8$
Feigen	$^1/_8$
Crocus des Nordens	$^1/_{32}$
genti[5])-Körner	$^1/_{32}$
Honig	1 denȧ
Weintrauben	$^1/_{32}$
uāḥ[1])-Körner	$^1/_{16}$
Brod von Zizyphus Lotus	$^1/_{16}$
ȧbu-Pflanze	$^1/_{32}$
Coriander	$^1/_{16}$

durchseihen und gleich nach dem Zubettgehen einnehmen.

---

[1]) Wohl eine Getreideart (?).
[2]) Aegyptisch = qaqa; das Griechische κίκι.
[3]) Eigentlich: des Gottes und des Todes d. h. die von Gott gesandte, (epidemische?), tödtliche; cfr. die Einleitung.
[4]) Cfr. die Anmerkungen zu voriger Seite.
[5]) Brugsch VII. S. 1269 „Cassia“.

Ein andres ȧaȧ[1])-Krankheit am Herzen zu vertreiben; zu vertreiben die Herzschwäche[2]), Herzpalpitationen[3]) und die Herzstiche:

ȧnest-Pflanze	1/8
Feigen	1/8
Crocus	1/16
Grüne Bleierde (?)	1/32
šaša[4])-Stücke	1/8
Honig	1/32
Wasser	1/2 ebenso.

Ein andres:

Weintrauben	1/16
uāḥ[5])-Körner	1/8
Brod von Zizyphus Lotus	1/16
ȧbu-Pflanze	1/16
Crocus	1/32
ȧnest-Pflanze	1/16
Wasser	1/2 ebenso.

Handmittel[6]) die göttliche, tödtliche ȧaȧ[7])-Krankheit zu vertreiben und alles Mögliche (Uebel) zu tilgen:

Feigen	1/8
Sebesten	1/8
Weizenbrod	1/32
Grüne Bleierde (?)	1/32
Wasser	1/3 ebenso.

Ein andres Handmittel[6]) das Herz in Wahrheit zu heilen:

Feigen	1/8
Grüne Bleierde (?)	1/16
Kuchen	1/32
Wasser	5/6 ebenso.

Handmittel[6]) den Tod im Leib zu vertreiben, zu

---

[1]) Cfr. S. 55 Anm. 3.

[2]) ȧb = Herz mit rother Tinte eingeschoben; eigentlich „das Ausser-sich-gerathen"; Brugsch VI. S. 561.

[3]) Brugsch V. S. 305 „fliehen".

[4]) Brugsch VII. S. 1226 „Kuchen aus zusammengepressten Rosinen".

[5]) Wohl eine Getreideart (?).

[6]) Augenblicksmittel, d. h. sofort anzuwenden.

[7]) Cfr. Anmerkung 3 zu vor. Seite.

vertreiben die göttliche, tödtliche āaā[1])-Krankheit und die uχedu, und alles, das krank ist, zu tilgen:

Crocus vom Delta	1/32	
uāḥ[2])-Samen	1/4	
Brodteig	1/8	
Feigen	1/8	
Dumpalmenfrucht	1/64	
šaša[3])-Stücke	1/64	
Honig	1/32	
Wasser	1/2	ebenso.

Ein andres:

Mehl von uāḥ[2])-Körnern	1/8	
Feigen	1/8	
Weintrauben	1/8	
ȧnest-Pflanze	1/16	
Wachholderbeere	1/16	
Cyperus	1/32	
Kümmel	1/64	
Honig	1/8	
Wasser	1/2	ebenso.

Ein andres[4]) das Herz zu heilen und die uχedu fernzuhalten[5]):

Grüne Bleierde (?)	1/32
Kuchen	1/32
Feigen	1/8
Weinbeeren	5/6
Sebesten	1/8
Weizenkorn	5/6
Wasser	1/2

kochen und 4 Tage einnehmen.

Ein andres:

Feigen	1/8	
Weizenkorn	1/8	
Honig	1/8	
Grüne Bleierde (?)	1/32	
Wasser	1/3	denȧ ebenso.

---

1) Cfr. S. 55 Anm. 3.
2) Cfr. S. 56 Anm. 5.
3) Cfr. S. 56 Anm. 4.
4) nt ist nachträglich eingeschoben.
5) Eigentlich: fortgehn zu lassen.

Ein andres Handmittel das Herz zu kühlen:

Feigen	$^1/_8$
ånest-Pflanze	$^1/_8$
Grüne Bleierde (?)	$^1/_8$
Honig	$^1/_{32}$
Wasser	$^1/_2$ ebenso.

Ein andres[1]) die ȧaā-Krankheit im Herzen zu vertreiben:

Crocus	$^1/_{16}$
ȧbu-Pflanze	$^1/_{32}$
Süsses Bier	$^1/_3$ denȧ

kochen und 4 Tage einnehmen.

XLVI. Ein andres:

ȧbu-Pflanze	$^1/_{64}$
Crocus	$^1/_{32}$
ϑeḥui-Frucht	$^1/_{64}$
Süsses Bier	$^1/_2$

kochen, feucht stehen lassen, durchseihen und 4 Tage einnehmen.

Ein Handmittel,[2]) die ȧaā-Krankheit im Leib und im Herzen in Wahrheit zu vertreiben:

Pulver von der ȧbu-Pflanze	$^1/_{64}$
Pulver von Coriander	$^1/_{16}$
Süsses Bier	$^1/_3$

gleich nach dem Zubettgehen zu trinken.

Ein andres:

ȧbu-Pflanze	$^1/_{64}$
Coriander	$^1/_{16}$
ϑeḥua-Frucht	$^1/_{64}$
šames-Pflanze	$^1/_{16}$
Dumpalmenfrucht	$^1/_{16}$
šaša[3])-Stücke	$^1/_8$
Honig	$^1/_2$

kochen und gleich nach dem Zubettgehen einnehmen.

---

[1]) ket ist doppelt gesetzt, als letztes Wort einer Zeile und als erstes der darauf folgenden; wahrscheinlich liegt hier ein Versehn des Abschreibers vor.

[2]) „ḥeruā = Handmittel“ scheint nachträglich hinzugefügt zu sein; der Abschreiber sah das eine Zeile vorher stehende ket und hat vielleicht dadurch veranlasst „ḥeruā“ ausgelassen.

[3]) Brugsch Wört. VII. S. 1226 „Kuchen aus zusammengepressten Rosinen“.

Ein andres:

Durra-Wasser, die Durrakerne ausschneiden, zerstossen und kochen	1/3
gentet-Pflanze	1/16
Zwiebeln (?)	1/32
Honig	1/16
Knollen von der tektek-Pflanze	1/32
Sycomore	1/32

kochen, durchseihen, feucht hinstellen und 4 Tage lang trinken.

Ein andres die āaā-Krankheit zu tilgen[1]: Jochauflegung[2] (?) von sau-Holz in Oel erwärmen und dagegen geben.

Der Beginn von den Mitteln, welche der Gott rā für sich selbst gemacht hat:

Honig ans Feuer gestellt	1
Wachs	1
Das Abgeschabte[3]) von Weihrauch	1
Leinsamen (?)	1
Zwiebeln (?)	1
šaša[4])-Stücke	1
Knollen von Cyperus	1
Beere von der t'aȧs-Pflanze	1
ȧbu-Pflanze	1
χasīt[5])-Pflanze	1
Ausgezeichneter Weihrauch	1
pereš-Samen	1
Beere von Coriander	1
Das Abgeschabte[3]) vom uān-Baum	1
Das Abgeschabte[3]) vom Cederbaum	1
Frischer Brei	

in Eins machen und damit die kranken Stellen bestreichen, (um) die göttlichen und alle Arten tödtlicher Krankheiten und die uχ̣edu jeglicher Art in jeglichem Glied einer Person zu vertreiben, um sie sogleich gesund zu machen.

---

[1]) Eigentlich: zum Weichen zu bringen, fernzuhalten.
[2]) Cfr. Brugsch VI. S. 690; Name einer Erd- oder Steinart.
[3]) Ebers S. 93 „Feilspähne".
[4]) Cfr. vor. Seite Anm. 3.
[5]) Brugsch VI. S. 896 „Opium".

Ein andres zweites Mittel, das der Gott šu[1]) für sich selbst gemacht hat:

Weizenmehl	1
Seesalz	1
Oel	1
Coriandermehl	1
Maurerkohle	1
Zwiebelmehl (?)	1
Bohnenmehl	1
Weihrauch	1
gentet-Pflanze	1
Grüne Bleierde (?)	1
Frische Milch	1

in Eins machen und damit auf die kranke Stelle streichen.

Ein andres, drittes Mittel, das die Göttin tefnut[2]) für den Gott rā selbst gemacht hat:

Mehl von āmāā-Körnern	1
šeneft[3])-Frucht	1
Gänseschmalz	1

sechs Mal versiegeln, alle Wunden und göttliche Krankheiten bestreichen, um ihn sogleich gesund zu machen.

Das vierte Mittel vom Gott seb[4]) für den Gott rā selbst gemacht:

Zwiebelmehl (?)	1
Mehl von θeḥua-Frucht	1
Mehl von χet'-Baum Blüthen (?)	1

XLVII. zermahlen, zerreiben in natürlichem Dattelwein XLVII. und alle Wunden in göttlichen Krankheiten und allerlei Uebel zu bestreichen, um sogleich gesund zu machen.

Das fünfte Mittel von der Göttin nut[5]) für den Gott rā selbst gemacht:

Maurerziegel	1
Der Stamm[6]) von der qadet-Pflanze	1
Stein vom Flussstrande	1
Natron	1

---

1) Der Gott der Luft.
2) Die Göttin, welche die feuchten Niederschläge spendet.
3) Gehört zu den als Opfer dargebrachten Körnern.
4) Name des Erdgottes.
5) Göttin des Himmels.
6) Eigentlich: was am Boden ist.

Seesalz	1
Frische Grütze	1
Oel	1
pat-Saft	1
sefet[1])-Oel	1
šens-Brod	1

kochen, in Eins machen und damit bestreichen alle Wunden von uχedu jeglicher Art und von allerlei Uebeln.

Ein andres, das sechste, von der Göttin åst[2]) für den Gott rā selbst gemacht, um Schmerzen, die in seinem Kopf sind, zu vertreiben:

Beere von Coriander	1
Beere von der χasīt[3])-Pflanze	1
Absynth	1
Beere von der šames-Pflanze	1
Wachholderbeere	1
Honig	1

in Eins machen, dieses mit Honig mischen und damit[4]) aufstreichen, um ihn sogleich gesund zu machen. Wenn bei ihm alle diese Mittel gegen allerlei Krankheiten am Kopf und gegen Leiden und Uebel jeglicher Art angewendet werden, wird er augenblicklich gesund werden.

Mittel Schmerzen[5]) am Kopf zu vertreiben:

Das Innere von Zwiebeln (?)	1
Die Frucht vom åm-Baum	1
Natron	1
šefšeft-Samen	1
Gräte vom χra[6])-Fisch, gekocht	1
Rother Fisch, gekocht	1
Schädel vom beḥāu[7])-Fisch, gekocht	1

---

[1]) Ein heiliges Salböl.
[2]) åst = Isis.
[3]) Brugsch VI. S. 896 „Opium".
[4]) Nämlich auf dem Kopf.
[5]) Aegyptisch ḫetā oder åsta.
[6]) Brugsch. Zeitschrift für ägypt. Spr. 1881. S. 38: „vielleicht Schwertfisch".
[7]) Brugsch. Zeitschrift für ägypt. Spr. 1882. S. 70: „vielleicht Krebs".

Honig	1
åbrå [1])-Salbe	1

damit den Kopf 4 Tage lang einölen.

Ein andres:

Beere von der åmmest [2])-Pflanze	1
Beere von der χasīt [3])-Pflanze	1
Beere von Coriander	1
ånnek [4])-Pflanze	1
χet'-Pflanze	1
Eselsfett	1

den Kopf damit einölen.

Ein andres gegen Schmerzen auf der einen Seite des Kopfes (Migräne):

Den Schädel vom när [5])-Fisch in Oel erwärmen und 4 Tage damit den Kopf einschmieren.

Verzeichnis [6]) über die Verwendung des deqm-Baumes, wie man es gefunden in alten von dem Licht [7]) der Männer [verfassten] Bücher:

Wenn man seine Stengel in Wasser zerreibt und auf einen Kopf, der krank ist, thut, wird er sogleich wieder frisch werden, als wenn er nicht krank gewesen wäre. Wenn dann eine Person, die Mangel an Excrementen [8]) hat, ein wenig von seinen Beeren mit Bier kaut, so wird es das Kranke [9]) in dem Leib des Patienten vertreiben [10]).

Auch werden weiter die Haare einer Frau durch seine Beeren wachsen; es zermahle sie, mach in Eins, und thue es in Oel eine Frau und salbt ihren Kopf damit.

---

[1]) Ebers S. 98 „feines Salböl".

[2]) Loret. Recueil de travaux relatifs à la philol. et à l'archéol. égypt. et assyr. Septième année. Paris 1886. S. 108. „Anethum graveolens L."

[3]) Brugsch Wört. VI. S. 896 „Opium".

[4]) Brugsch Wört. V. S. 93 „Pflanze, die mit dem Mond in Verbindung steht.

[5]) Ebers S. 169 „Wels".

[6]) In ungewöhnlicher Weise ist hier der Text abgebrochen, und es folgt eine zusammenhängende Angabe über die Verwendung des Ricinusstrauches; ägyptisch deqm.

[7]) Aegyptisch: χut = τὰ ἀγαθά; Licht, Ruhm, Weisheit.

[8]) D. h. verstopft ist.

[9]) Aegyptisch: χaīt.; cfr. Seite 40. Anm. 3.

[10]) Cfr. Diosc. De mat. medica. Lib. IV. Cap. 161.

Es[1]) wird dann auch sein Oel aus seinen Beeren gepresst als Salbe[2]) für den gebraucht, der eine uḥa[3])-Geschwulst mit stinkender Materie hat; siehe das Uebel wird fliehen, als wenn ihm XLVIII. nichts gefehlt hätte[4]); er braucht es (das Oel) in gleicher Weise 10 Tage als Salbe, indem er sich damit täglich am Morgen früh salbt, um sie (die Geschwüre oder Geschwülste) zu vertreiben[5]). Wie es sein soll, tausendmal.

Ein andres Schwindel[6]) im Kopf zu vertreiben: Wenn der Kopf bei einer Person schwindlig[7]) ist, so leg Du deine Hand auf seinen Kopf, während[8]) er Beschwörungen darüber liest, mach für ihn:

Natron, zermahlen in Oel, Honig und Wachs

in Eins machen und damit aufstreichen.

Andre Mittel[9]) für seinen kranken Kopf und Kopfschmerzen:

Weihrauch	1
Fett[10]) von der àbu-Pflanze	1
àbrà[11])-Oel	1
àsses-Pflanze	1
Fett	1

zermahlen, kochen und damit einsalben.

Ein andres für seinen kranken Kopf und uχedu zu vertreiben[12]):

Weihrauch	1
Kümmel	1
Beere vom uān-Baum	1
Gänsefett	1

kochen und damit einsalben.

---

1) Cfr. Tafel 27. Zeile 11—14.

2) Einreibung.

3) uḥa = (durch Feuer) vernichten; also wohl eine Art Abscess oder Geschwür.

4) Eigentlich: als wenn nichts gegen ihn wäre.

5) Cfr. Diosc. De mat. med. Lib. I. Cap. 38.

6) daut = tremor oder „Schütteln".

7) Oder „schüttelt".

8) Oder „ohne dass er".

9) Brugsch VII. S. 1117: „Kopfmittel. Ist er leidend, so stillt den Schmerz."

10) Brugsch VII. S. 1386. t'eda = feist, fett; von Pflanzen gesagt bedeutet es „das Beste, Vorzüglichste".

11) Ebers S. 98 „ein feines Salböl".

12) Eigentlich: aufzuheben.

Ein andres den Kopf zu heilen:

Oel von Aloë	1
Mentha montana	1
Das Weiche vom χesīt[1])-Harz	1
Weihrauch	1

salben damit 6 Tage; es heilt den Kopf.

Ein andres:

Das Innere im Weihrauch	1

den Kopf damit oftmals einreiben.

Ein andres seinen kranken Kopf gesund zu machen:

àsu[2])-Pflanze	1
uān-Baum	1
Fett vom Cederbaum	1
paātet-Holz	1
Weihrauch	1
Fett	1

zermahlen und auf den Kopf thun.

Ein andres:

Kümmel	1
gesfen[3])-Korn	1
tentem Beere	1
Myrrhen	1
Baumöl (?)	1
Beere vom uān-Baum	1
Lotus	

zermahlen und auf den Kopf thun.

Ein andres seinen kranken Kopf zu kühlen:

Grüne Bleierde (?)	1
Weihrauch	1
Fauliges Holz (?)[4])	1
uaneb-Pflanze	1
Aloë	1
Hirschhorn	1
Kuchen	1
netr-tīt-Metal[5])	1
Maurerlehm	1

[1]) Brugsch. Wört. S. 896 „Mohnpflanze".
[2]) Brugsch. Wört. V. S. 141 „eine liebliche Pflanze".
[3]) Lüring S. 155 „Kupfervitriol" (?).
[4]) Ebers S. 73 „arab. Holzpulver?"
[5]) Cfr. Lüring S. 60.

Zwiebeln (?)	1
Wasser	1

zermahlen und auf den Kopf thun.

Ein andres für die Spitze des Scheitels[1]):

Weihrauch	$^1/_{64}$
Knoblauch	$^1/_{64}$
netr-tīt-Metal[2])	$^1/_{32}$
senen-Myrrhe	$^1/_{32}$
uat'-Stein[3])	$^1/_{16}$
Collyrium	$^1/_{32}$
Alabaster[4])	$^1/_{32}$
uaḥ-neḥebt-Stein	$^1/_{64}$
Wasser	$^5/_6$

zermahlen und auf den Scheitel thun.

Der Beginn von den Mitteln Ansammlung[5]) von Urin und Krankheit im Unterleib[6]) zu vertreiben:

Weizen	$^1/_8$
Datteln	$^1/_4$
uāḥ[7])-Korn, gekocht	$^1/_4$
Wasser	$^3/_4$

zermahlen, durchseihen und 4 Tage einnehmen.

Ein andres für ein Kind zur Entleerung von Urinansammlung in seinem Leib[8]): XLIX.

Ein altes Buch, in Oel gekocht, auf seinen Leib schmieren, um seine (des Kindes) Ausleerung in Ordnung zu bringen.

Ein andres den Urin[9]) in Ordnung zu bringen:

Stroh von der nebát-Pflanze	$^1/_8$
Datteln	$^1/_4$
Der Stamm von der χasīt[10])-Pflanze	$^1/_4$

---

[1]) Cfr. Lüring S. 60.

[2]) Brugsch VII. S. 1311 „Gotteskoth".

[3]) Grüne Augenschminke (?).

[4]) Cfr. Lüring S. 96.

[5]) θes heisst eigentlich [Brugsch VII. S. 1350] „einen Strick um etwas legen".

[6]) kenes; die Uebersetzung ist unsicher. Lüring übersetzt es mit „Mutterleib"; der Aegyptologe Chabas schlug die Uebersetzung vessie = Blase" vor, was medicinisch am besten passen würde.

[7]) Wohl eine Getreideart (?).

[8]) Eigentlich: ein Kind Ansammlungen von Urin in seinem Leib ausleeren zu lassen.

[9]) D. h. das Urinlassen.

[10]) Cfr. vor. Seite. Hier ist χaīt anstatt χasīt geschrieben.

Honig	$^5/_6$
Beere vom uān-Baum	$^1/_4$
Wasser	1 denå

durchseihen und 4 Tage lang einnehmen.

Ein andres die Urinentleerung bei einer erwachsenen Person zu ordnen[1]):

Cyperus	1
Wachholderbeere	1
Das Holz von beḥeḥ-Pflanze	1

zu einer Masse stossen, stehn lassen in süssem Bier und trinken; es ist zuträglich dafür[2]).

Ein andres Verstopfung[3]) auf Grund von Entzündung im Uringang[4]) bei einer Person zu vertreiben, die an Verstopfung des Urins leidet):

Seesalz	$^1/_{64}$
māhui[5])-Samen	$^1/_3$
Baumöl (?)	1
Honig	1
Süsses Bier	1

in den Anus spritzen.

Ein andres das unregelmässige Urinlassen zu regeln[6]):

Beere vom uān-Baum	$^1/_{16}$
šaša[7])-Stücke	$^1/_8$
Gänseschmalz	$^1/_8$
Honig	$^1/_3$
uāḥ-Körner	$^1/_8$
Dattelabfall	$^1/_{16}$
Grüne Datteln	$^1/_{32}$

feucht stehn lassen, durchseihen und 4 Tage lang einnehmen.

Andre Mittel gemacht für den, der krank ist mit uχedu in seinem Urin (gang):

---

1) Eigentlich: was rechtmässig zu leisten ist.
2) D. h. es ist ein gutes Mittel dagegen.
3) Verstopfung oder Verhärtung.
4) Blase.
5) Brugsch VI. S. 563 „Wunderfrucht“.
6) Eigentlich: Urinlassen, das nicht in Ordnung ist, in Ordnung zu bringen.
7) Brugsch. Wört. VII. S. 1226. „Kuchen aus zusammengepressten Rosinen“.

Kuhleber 1
ânest-Pflanze 1

thun in[1]) pāt[2])-Brod und von der Person zu essen.

Ein andres:

dešer[3])-Samen	1/8
Das Inwendige von Zwiebeln (?)	1/32
Weizenmehl	1/4
Gänseschmalz	1/8
Honig	1/8
Papyruspflanze	1/8
Wasser	1/2

kochen, durchseihen und 4 Tage lang einnehmen.

Ein andres den Urin zu regeln:

χet'-Pflanze 1 in frischer Milch mischen und auf den Phallus thun.

Ein andres;

Crocus des Südens 1
Bohnen, geröstet 1

in Oel thun, damit den Phallus einsalben.

Ein andres:

Ein hennu [4])-Gefäss, voll von Wasser von dem Vogelteich	1
Wachholderbeere	1
Fibern der χasīt[5])-Pflanze	1
Frische Milch	1
Bierspülicht	1
Blumen von cucumis melo	1
Grüne Datteln	1

in Eins machen, durchseihen und 4 Tage lang einnehmen.

Ein andres:

Holz von Zizyphus Lotus 1

mischen in Hefe von mesta-Getränk, damit den Phallus einsalben.

Ein andres Urinausleerung bei einem Kind in Ordnung zu bringen (zu ordnen):

Blüthe, die auf der nebât-Pflanze ist, zusammen bringen

---

[1]) Nachträglich ist mit rother Tinte dazwischen geschrieben: ár m = thun in.

[2]) Brugsch. Wört. VI. S. 470 „Name einer besonderen Art (runder) Opferbrote".

[3]) Brugsch. Wört. S. 1375 „Leinsamen".

[4]) hennu = 0,465 Liter.

[5]) Brugsch. Wört. VI. S. 896 „Mohnpflanze".

mit süssem Bier in eine kühle Flasche und von einem Mädchen zu trinken, einem Jungen[1]) aber in einem hennu[2])-Krug zu geben.

Was man einem Kind machen muss, das am Urin leidet:

χent[3])-Korn in einer Pille erwärmt; wenn es ein älteres Kind ist, so nehme es dieselbe zusammen mit der Nahrung[4]);
L. wenn es aber ein Wickelkind ist, so bringe man ihm es in die Brustmilch, indem seine Amme es 4 Tage lang hineinspeit[5]).

Andre Mittel zu viel Urinausleerung[6]) zu vertreiben:

Weizenkorn	$^1/_8$
Sebesten	$^1/_8$
Grüne Bleierde (?)	$^1/_{32}$
Wasser	$^1/_3$

feucht stehen lassen, durchseihen und 4 Tage einnehmen.

Ein andres:

Kuchen	$^1/_4$
Weizenkorn	$^1/_4$
Frische Grütze	$^1/_4$

durchseihen, 4 Tage lang einnehmen.

Ein andres das (zu)schnelle[7]) Urinlassen zu vertreiben:

Wachholderbeere	1
Cyperus	1
Bier	1 ḥunnu-Gefäss

kochen, durchseihen und 4 Tage lang einnehmen.

Ein andres zu viel Urinausleerung[6]) zu vertreiben:

---

[1]) Im Text steht ȧn, wie ich annehme, statt n, was in unserem Papyrus häufiger vorkommt; cfr. Ebers „Das hermetische Buch etc." S. 16.

Liest man ȧn, so muss man übersetzen: „einem Nicht-Knaben, d. h. einem, der nicht mehr Kind, also erwachsen ist." Das würde freilich keinen rechten Gegensatz zu „einem Mädchen" bilden; ausserdem soll das Mittel die Urinausleerung bei einem Kind ordnen.

[2]) Cfr. S. 67 Anm. 4.

[3]) Nach Brugsch VI. S. 948 = χenti, also „grüne Bleierde?"

[4]) Wörtlich: esse sie in dem Essen.

[5]) Aegyptisch: kefef = dimittere, vomere. Die Amme erwärmt es in ihrem Mund und speit es nachher in den Mund des Kindes. (?) L.

[6]) Polyurie; vielleicht Diabetes mellitus (?).

[7]) as bedeutet: schnell; also: das schnelle Urinlassen, woran alte Leute häufig leiden. Ich denke an Prostatahypertrophie oder Lithiasis.

Kuchen	1/4
Weizenkorn	1/4
Frische Grütze	1/4
Grüne Bleierde (?)	1/32
Wasser, Honig	5/6

feucht stehen lassen, durchseihen, 4 Tage lang einnehmen.

Ein andres:

Zweige (Aestchen) von der qadet-Pflanze	1/4
Trauben	1/8
Honig	1/4
Beere vom uān-Baum	1/32
Süsses Bier	1 1/6

kochen, durchseihen und 2 Tage einnehmen.

Ein andres:

Sebesten	1/8
Weizenkorn	1/8
Grüne Bleierde (?)	1/32
Kuchen	1/32
Wasser	1/3 ebenso.

Ein andres:

Kuchen	1/8
Honig	1/32
Wasser	1/3

durchseihen und 1 Tag einnehmen.

Ein andres as[1]) des Urinlassens zu vertreiben:

Wachholderbeere	1
Cyperus	1
Bier	1 ḥunnu-Gefäss

kochen, durchseihn, 1 Tag einnehmen[2]).

Mittel den Urin herauszutreiben[3]):

Crocus des Berges	1/4
Crocus des Delta	1/8
åbu-Pflanze von Oberägypten	1/16
Beere vom uān-Baum	1/16
Frische Grütze	1/8
åbu-Pflanze von Unterägypten	1/16

---

[1]) Cfr. vorige Seite = Urindrang (?).
[2]) Dasselbe Recept wie oben Zeile 5, nur dass dort 4 Tage lang eingenommen werden soll.
[3]) Vielleicht: Strictur (?).

Leinsamen (?)	1/16
uam[1])-Samen	1/16
duat-Pflanze	1/16
Wasser	1/16

feucht stehen lassen, durchseihen, 4 Tage lang einnehmen.

Die[2]) Urinentleerung zu regeln und gegen Unterleibs-Krankheit bei erstmaliger Erkrankung:

Honig	1
Weihrauch	1
Wachholderbeere	1
Cyperus	1
Gekneteter Teig vom Bäcker[3])	1
Rinde der Sykomore	1
Wurzelrinde vom Ricinusstrauch[4])	1
Grüne Bleierde (?)	1
Frische Datteln	1
Rinde von der χasīt-Pflanze[5])	1
Brei	

wärmen, durchseihen, in einen Becher thun, zu einer Kugel formen als Pastille für den Geruch des Mundes[6]); zugleich es zu trinken, um ihn sogleich gesund zu machen.

Der Beginn der Arzneimittel das Herz in den Stand zu setzen, die Nahrung aufzunehmen[7]):

LI. Fleisch LI fettes (fettes Fleisch)	1/16
Schreibfarbe	1/32
Feigen	1/8
Beere vom uān-Baum	1/16
Weihrauch	1/64
Kümmel	1/64
Nasturtium	1/64
θām-Pflanze	1/16

---

1) Scheint nachträglich eingeschoben worden zu sein.
2) ket = „ein andres" ist hier weggelassen.
3) Lüring S. 26.
4) Aegyptisch qaqa = κίκι.
5) Brugsch VI. S. 896 „Mohn".
6) Unsicher; nach Brugsch und Lüring: zu einer Kugel formen, wenn da ist die wiederkehrende Zeit der Mundtoilette (Lüring S. 27).
7) Also Stomachica in unserem Sinne, nur mit dem Unterschied, dass nach unserer Auffassung natürlich nicht das Herz, sondern der Magen die Nahrung aufnimmt.

Gänseschmalz	1/8	
Sebesten	1/8	
sert-Saft	1/3	
Süsses Bier	1/3	denȧ

zu trinken.

Ein andres:

Süsses Bier	1/3
seχept-Saft	1/3
sert-Saft	1/3
Dattelmehl	1/8
Weizenmehl	1/8
Beere vom uān-Baum	1/16
Weihrauch	1/64
Nasturtium	1/64
Weinbeeren	1/8
Feigen	1/8
Gänseschmalz	1/8

kochen, durchseihen, 4 Tage lang einnehmen.

Ein andres:

šeneft [1])-Körner	1/32
Süsses Bier	5/6

kochen, durchseihen, 1 Tag einnehmen.

Ein andres:

Wein	5/6
Weizenkorn	1/8

feucht stehen lassen, durchseihen und 1 Tag einnehmen.

Ein andres:

θām-Pflanze	1/8
uāḥ [2])-Körner	1/8
Weihrauch	1/64
Talg	1/8
Grüne Bleierde (?)	1/32
Wein	1 denȧ

kochen, durchseihen und 4 Tage lang einnehmen.

Ein andres:

Brod am Feuer geröstet [3])	5/6
uāḥ [2])-Körner	1/4

---

[1]) Gehört zu den als Opfer dargebrachten Körnern.
[2]) Wohl eine Getreideart (?).
[3]) Der „Platz“ der Thüringer.

genti[1])-Samen $^1/_{32}$
Honig $^1/_{32}$
Wasser $^1/_2$
durchseihen und 4 Tage lang einnehmen.

Ein andres:
Geröstetes[2]) Brod $^1/_8$
uāḥ[3])-Körner $^1/_8$
Honig $^1/_{32}$
Wasser $^5/_6$
zermahlen, durchseihen, 4 Tage lang einnehmen.

Ein andres:
Fettes Fleisch $^1/_{16}$
Wein $^1/_3$
Weinbeeren $^1/_{16}$
Feigen $^1/_{16}$
Crocus $^1/_{16}$
Süsses Bier $^1/_3$ denå
kochen, durchseihen, 4 Tage lang einnehmen.

Ein andres:
uuti-Brod $^1/_8$
ḥeken[4])-Brod $^1/_8$
Dattelfrucht $^1/_8$
Honig $^1/_{32}$
Wein $^1/_3$
kochen, durchseihen, 1 Tag einnehmen.

Ein andres:
Feigen $^1/_8$
uāḥ[3])-Körner $^1/_8$
Weihrauch $^1/_{64}$
Dattelfrucht $^1/_{32}$
Knoblauch $^1/_{32}$
Süsses Bier $^1/_3$ denå
Fettes Fleisch $^1/_4$
Weidenbaum[5]) $^1/_8$
kochen, durchseihen, 4 Tage lang einnehmen.

---

1) Brugsch. Wört. VII. S. 1269 „Cassia“.
2) Cfr. vor. Seite Anm. 3.
3) Cfr. vor. Seite Anm. 2.
4) Liebliches, süsses Brod.
5) Aegyptisch: ϑert.

Der Beginn von den Arzeneimitteln, Anschwellungen in der Leiste[1]) (?) zum Fallen zu bringen:

Eine Pflanze, senenutet[2]) mit Namen, die auf ihrem Bauch gleich der qadet-Pflanze kriecht[3]) und blüht[4]) wie die Lotuspflanze, so dass man ihre Blätter gleich einem weissen Baum findet. Man bringe sie herbei und lege sie auf die Weiche[1]); (die Schwellung) fällt sofort. Auch wird ihr Samen in Brod auf die uχedī gethan, um sie[5]) in der Weiche zum (Ein)fallen zu bringen.

Ein andres. Wenn du eine Person mit (Drüsen) Anschwellungen an ihrem Halse[6]) siehst; sie leidet an beiden Gelenken ihres Halses[6]) und hat Schmerzen an ihrem Kopf; der Wirbelknochen ihres Nackens[6]) ist steif, ihr Nacken[6]) beschwert, so dass sie nicht auf ihren Leib herabsehn kann, und sie ist wie lahmgeschlagen, so sag Du: „sie hat (Drüsen) Anschwellungen an ihrem Nacken[6]).“ Lass ihn sich salben und einreiben, damit LII.
er sogleich gesund werde.

Ein andres. Wenn[7]) Du Jemand mit Ansammlungen[8]) von teigartiger Substanz siehst, sein Leib ist hart darunter; er ist krank an seinem ro-àb; es ist seine Geschwulst in seinem Leib, die keinen Weg findet herauszukommen und keinen Weg hat aus ihm herauszukommen; es ist Faules in seinem Leib. Nicht kommt es heraus, es wird zu ḥesebt-Würmern; wird es nicht zu ḥesebt, so wird sich eine Kugel bilden[9]). Leert er es aus, so wird er augenblicklich gesund; führt er es aber nicht als ḥesebt-Würmer ab, so mach Du ihm ein Abführmittel[10]), um ihn augenblicklich gesund zu machen.

Ein andres Kothanschwellungen im Leib zu vertreiben:

---

[1]) Unsicher; ägyptisch nepeḥu von Lüring S. 27 mit „Hüfte“ übersetzt.
[2]) Lüring S. 161 „Pistia stratiotes L.“
[3]) Eigentlich: wächst.
[4]) Eigentlich: Blüthen setzt.
[5]) Nämlich: die uχedī.
[6]) Lüring S. 66 „Genick“.
[7]) Variante von Tafel 25 Zeile 3—8.
[8]) Lüring S. 28 „Koth“.
[9]) Die Uebersetzung ist unsicher. Cfr. Lüring l. l. S. 28.
[10]) Wörtlich: die Mittel des Ausleerens.

Feigen	1/8
Sebesten	1/8
Weinbeeren	1/16
Kümmel	1/64
Harz von Acanthus	1/32
Schreibfarbe	1/64
Pfefferminz	1/32
gengent-Bohne	1/8
Süsses Bier	

feucht stehn lassen und 4 Tage lang einnehmen.

Ein andres zu machen für eine Person, die an χent[1]) in ihrem Kopf und (Drüsen) Anschwellungen in ihrem Nacken leidet:

åbrå[2])-Oel	1
χesaït[3])-Pflanze	1
Holz vom uān-Baum	1
Weihrauch	1
Collyrium	1
Grüne Bleierde (?)	1
Fett von Ibex nubiana	1

zermahlen, in eine Hülle thun, am Kopf anbringen.

Andre Mittel:

šut-Pflanze des Südens	1
neḥedet[4])-Harz	1
Kümmel	1
Beere vom uān-Baum	1
Myrrhen	1
Fett vom Cederbaum[5])	
Fett 1 von Ibex nubiana	1
åbrå[2])-Oel	1

in Eins machen, feucht hinstellen, durchseihen, 4 Tage einnehmen.

---

[1]) Eigentlich: Hervorragendes; vielleicht: Kopfschmerz. L.
[2]) Ein heiliges Salböl.
[3]) Brugsch. Wört. VI. S. 896 „Mohnpflanze".
[4]) Ebers S. 69 „Zahnkörner".
[5]) Nach „Fett vom Cederbaum" fehlt der rothe Strich (wohl aus Versehn), während er (ganz ungehörig) hinter „Fett" und „von Ibex nubiana", also doppelt steht. Ohne Zweifel liegt hier ein Versehn des Schreibers vor.

Ein andres (Drüsen) Anschwellungen im Leib eines Mannes oder einer Frau zu vertreiben:

Feigen	$^1/_8$	
Sebesten	$^1/_8$	
Weinbeeren	$^1/_{16}$	
Weihrauch	$^1/_{64}$	
Kümmel	$^1/_{64}$	
Kräuter des Feldes	$^1/_8$	
Honig	$^1/_8$	
Süsses Bier	$^1/_3$	denà

durchseihen und einnehmen.

Andre Mittel Krankheiten in allen Gliedern einer Person zu vertreiben[1]:

Eine Auflösung von šebeb[2]-Flüssigkeit zermahlen, zerreiben, mischen mit saurer Milch und als Pflaster auflegen.

Ein andres deḥert[3]-Krankheit zu vertreiben:

Zwiebeln (?) in Honig zermahlen und in Bier nehmen.

Ein andres Brand(wunde) abzuwehren:

Frosch[4] (?) in Oel erhitzen und damit einreiben.

Ein andres:

Den Kopf vom t'edeb[5]-Fisch in Oel erhitzen und der Person auf ihren Körpertheil thun.

Der Beginn von den Mitteln serīt[6] zu vertreiben: LIII.

Grüne Zwiebeln (?) in Wasser thun in einem neuen ḥunnu-Gefäss und 4 Tage trinken.

Ein andres:

Zwiebeln (?) in süssem Bier kochen und den dritten Theil davon 4 Tage trinken.

Ein andres:

Nimm ein Tragegefäss[7] halb mit Wasser, halb mit Zwiebeln (?), lass es 4 Tage lang stehn, pass auf, dass es nicht trocken wird; nachdem es feucht gestanden, schäume Du $^1/_4$ des dritten Theiles von dem Inhalt dieses Gefässes ab und

---

1) Eigentlich: fortgehn machen.
2) Brugsch. Wört. VII. S. 1175 „Mischtrank, Mixtur".
3) Ebers. Einleitung zum Papyrus Ebers S. 28 „Krätze".
4) Aegyptisch: äbeyen.
5) Ebers S. 26, „Zitteraal".
6) Brechreiz, Unverdaulichkeit, Ueberladung.
7) Aegyptisch: rement = Tragegefäss; Ebers S. 23 „Kasserolle".

lass es denjenigen, der an Brechreiz[1]) leidet, 4 Tage trinken, damit er sogleich gesund werde.

Ein andres:

Dattelmehl, ein hennu[2])-Gefäss, zu einem Teig machen, in 2 meḥet[3])-Gefässe thun, es ans Feuer setzen, so dass dieser Teig sich spaltet (scheidet); nachdem dies geschehn, den Brei in Fett und Baumöl (?) thun[4]) und von der Person gehörig warm zu essen, damit sie sogleich gesund werde.

Ein andres:

Zwiebeln (?)	1	
Gedörrte Datteln	1	
Milch	1 hennu[2])	zu trinken.

Ein andres:

Kuhmilch kochen, nachher māhetet[5])-Samen zermahlen, Sahne dazu thun und von der Person 4 Tage zu trinken[6]), zu trinken mit gekochter Milch.

Ein andres:

Abfall von Datteln, zerstossen, in einen Leinwandsack thun, diesen Sack 1 Tag in einem Mischtrank lassen, der ans Feuer gestellt wird, bis der Teig sich scheidet[7]) (zerrinnt?), diesen Sack leeren, in ein ḥunnu-Gefäss thun, Wasser dazu setzen, durchseihen, wie es mit Bier geschieht und 4 Tage trinken.

Ein andres:

Saure Milch	$^1/_4$
Oel	$^1/_4$
Bier	$^1/_4$

in einen Kessel thun und kochen. Nachher zerreibe Du

Lactuca	1
χet'-Pflanze	1

in diesen Kessel thun. Wenn es nachher gekocht und durchgeseiht ist, lass es 4 Tage lang trinken.

---

[1]) Aegyptisch: serīt; cfr. vor. Seite.

[2]) hennu = 0,456 Liter.

[3]) Brugsch VI. S. 632 „irdener Krug".

[4]) Eigentlich: Zu einem Brei machen in Fett und Baumöl (?).

[5]) Brugsch VI. S.563 „Wunderfrucht"; abzuleiten von māh = mirari.

[6]) seχeb, nicht wie in Sterns Glossar seχep.

[7]) Loret übersetzt šed mit lever, s'enlever; also hier „aufgehn lassen", „sich erheben" etc.; cfr. Recueil de travaux relatifs à la philologie et à l'archéol. égypt. et assyr. Vol. XI. S. 131.

Ein andres:

Dattelmehl $^1/_3$

in Wasser thun, zu einem Sauerteig[1]) machen und mischen; thu Du zwei pega[2])-Brode ans Feuer, um sie zu backen; diesen Sauerteig[1]) dazu setzen und zu einem Brod[3]) machen; nachdem es gebacken ist, mach Du es zu Fladen in Honig und Ochsenfett; 1 Tag zu essen.

Ein andres:

Kuhmilch, uāḥ[4])-Körner

in eine Kasserolle[5]) bringen; wird am Feuer gesotten wie man Bohnen kocht; nachdem es gesotten, kaue der Kranke diese uāḥ[4])-Körner, 4 Tage lang in dieser Milch zu trinken. LIV.

Ein andres:

Honig und Sahne, in Eins machen, essen und trinken in Bierhefe 4 Tage lang.

Ein andres:

Ein Schweinezahn, zermahlen, zerreiben, ins Innere von 4 Zuckerkuchen thun und 4 Tage essen.

Ein andres:

Wasser von Hefe
pet-Saft
Sahne[6])

in Zuckerkuchen 4 Tage einnehmen.

Ein andres:

Mehl von Dumpalmenfrucht	$^1/_3$
Gänseöl	$^1/_3$
Honig	$^1/_3$

kochen und 4 Tage einehmen.

Ein andres:

Dattelmehl	$^1/_{32}$
šeneft[7])-Körner	$^1/_{32}$
θām-Pflanze	$^1/_8$
Kräuter des Feldes	$^1/_8$

zermahlen, zerreiben, in Eins machen, thun in

---

1) Cfr. vor. Seite Anm. 7.
2) Lüring S. 29 „Brotscheibe"; also eine Art „Platz".
3) Aegyptisch: χar.
4) Wohl eine Getreideart (?).
5) Cfr. S. 75 Anm. 7.
6) Mit rother Tinte ist hier „gekocht" dazwischen geschrieben.
7) Gehört zu den als Opfer dargebrachten Körnern.

Bier 1 denà
feucht stehn lassen, durchseihen und 4 Tage einnehmen.

Ein andres:

θām-Pflanze	$^1/_{32}$
āmamu-Pflanze	$^1/_{32}$

zermahlen, zerreiben, ans Feuer setzen, den Dampf davon durch ein Rohr einziehen 1 Tag.

Ein andres Augenblicksmittel Brechreiz[1]) im Leib zu vertreiben:

Feigen	$^1/_8$
Sebesten	$^1/_8$
Weinbeeren	$^1/_{16}$
Kümmel	$^1/_{64}$
Harz von Acanthus	$^1/_{32}$
Schreibschwärze	$^1/_{64}$
Pfefferminz	$^1/_{32}$
gengent-Bohne	$^1/_8$
Süsses Bier	

feucht stehn lassen und 4 Tage lang einnehmen[2]).

Ein andres:

Gedörrte Dumpalmenfrucht, mischen in Bier; dazu ein bet'a[3])-Gefäss heiss machen, zu einem Brot machen und 2 Tage essen.

Ein andres:

Honig	1 hennu[4])
Ochsenfett	1 ḥunnu
sar[5])-Wasser	2 ḥunnu
Geröstete Dumpalmenfrucht	1 ḥunnu
Teig von Acanthus	

in Eins zermahlen, kochen und hernach warm einnnehmen.

Ein andres:

Grüne Zwiebeln (?) in eine Kasserolle[6]) thun, deren eine Hälfte mit Wasser, die andre mit Zwiebeln (?) (gefüllt ist); davon 1 hennu[4]) 6 Mal trinken, 4 Tage.

Ein andres:

---

[1]) Aegyptisch: serīt; cfr. S. 75 Anm. 6.
[2]) Dasselbe Recept findet sich Tafel LII. Zeile 8—10; dort gegen (Drüsen) Anschwellungen.
[3]) Brugsch. Wört. V. S. 464 „irdene Topf, Scherben".
[4]) hennu = 0,456 Liter.
[5]) Lüring S. 21 „Hefe".
[6]) rement-Gefäss; cfr. S. 75 Anm. 7.

fut-åb[1]-Korn	1
meni[2]-Korn	1
āām-Pflanze	1

in Eins zermahlen. Nimm Du 7 Steine, mach sie an dem
Feuer heiss; nimm einen davon und bringe von den genannten
Ingredienzien darauf. Deck es in einem neuen Gefäss zu, bohre
ein Loch in seinen Boden[3], steck ein Calmusrohr durch jenes
Loch, thu deinen Mund auf dieses Rohr, damit Du den Dampf
davon einathmet. Ebenso mit den übrigen 6 Steinen. LV. Iss LV.
hernach dazu irgend etwas Fettes, entweder vom fetten Fleisch
oder Oel.

Der Beginn von den Arzeneimitteln grosse Schwäche (?)[4] zu vertreiben (abzutödten):

netr-ḥer-Frucht	1/16
Was in ut'āīt-Frucht ist	1/16
ḥemut-Korn	1/16
Excremente vom ådu-Vogel	1/16
Baumöl (?)	1/8
Süsses Bier	1/3

in Eins machen, kochen, durchseihen und 4 Tage einnehmen.

Ein andres:

Feigen	1/8
Sebesten	1/8
Weintrauben	1/8
Brodteig	1/8
Weihrauch	1/64
Kümmel	1/64
Beere vom uān-Baum	1/16
Wein	5/6
Gänseschmalz	1/8
Süsses Bier	1/3

---

1) „Animi solatium"-Korn.

2) Lüring S. 29 „ein aromatisches Harz".

3) Hier also „Deckel".

4) Aegyptisch geḥu. Ebers übersetzt, geḥu-Milben", Stern im Glossar „morbus pedicularis", indem er das nach geḥu folgende Zeichen als Determinativum fasst; Lieblein hat „grosse Schwäche" vom Stamm gaḥ = „schwach sein" vorgeschlagen. Alle verordneten Mittel sollen innerlich gegeben werden, das spricht wohl gegen Ebers und Stern.

zermahlen, zerreiben, in Eins machen, durchseihen und 4 Tage einnehmen.

Ein andres:

ämamu-Frucht	$^1/_3$
Frisches Brod	$^5/_6$
Grüne Bleierde (?)	$^1/_{32}$
Beere vom uān Baum	$^1/_8$
Oel	$^1/_3$
Seesalz	$^1/_4$

in Eins machen, durchseihen und 4 Tage einnehmen.

Ein andres:

Weihrauch	$^1/_{64}$
Lebende Binse	$^1/_8$
Zwiebeln (?)	$^1/_{32}$
Wein	$^1/_3$

kochen, durchseihen und 4 Tage einnehmen.

Ein andres:

Kräuter des Feldes	$^1/_8$
Knoblauch	$^1/_8$
ḥemut-Korn	$^1/_8$
tȧa [1])-Pflanze	$^1/_8$
Faules Fleisch	$^1/_3$
Gänseöl	$^1/_8$
sert-Saft	$^1/_{16}$

kochen, durchseihen und 4 Tage einnehmen.

Ein andres:

Weihrauch	$^1/_{64}$
Lebende Binse	$^1/_8$
Zwiebeln (?)	$^1/_{32}$
Wein	$^1/_4$

kochen und 1 Tag einnehmen [2]).

Ein andres:

Seesalz	$^1/_{16}$
Bleivitriol (?)	$^1/_{16}$
Grüne Bleierde (?)	$^1/_{16}$
Wein	$^1/_{16}$
sert-Saft	$^1/_3$

durchseihen und 4 Tage einnehmen.

---

[1]) Brugsch. Wört. VII. S. 1310 „Gerste“.
[2]) Dasselbe Recept wie oben T. 55 Zeile 9 mit geringen Varianten.

Ein andres:

Krokodilerde[1])	1/3
dua (Stern) von Datteln	1/3
Süsses Bier	1/3

zermahlen, in Eins machen und 1 Tag einnehmen.

Ein andres:

Grünes teur[2])-Schilf	1/16	
Frisches Brod	1/8	
Kräuter des Feldes	1/8	
Samen des Esels	1/8	
Crocus	1/8	
Beere vom uān-Baum	1/16	
Kümmel	1/64	
Feigen	1/16	
Trauben	1/16	
Wein	5/6	
sert-Saft	1/3	denå

durchseihen und 4 Tage einnehmen.

Ein andres:

Honig	1/32
sert-Saft	1/4
Wein[3])	

durchseihen und 1 Tag einnehmen.

Ein andres. Der Beginn des Buches von den Augen. Zu machen gegen die Zunahme der uχedu im Blut in dem Auge[4]):

sa[5])-Samen von Oberägypten	1
Honig	1
Kümmel	1
neḥed[6])-Körner	1

LVI.

Behandlung von dem Wasser darin (die Flüssigkeit, die aus dem Auge fliesst)[7]):

---

1) Ebers S. 186 „Nilschlamm"?

2) Brugsch. Wört. VII. S. 1315 „Weidenbaum".

3) Im Papyrus folgen nach „Wein" zwei rothe Punkte.

4) Hirschberg. Ueber die Augenheilkunde der alten Aegypter. Deutsch. med. Wochenschr. 1889. S. 790. „Krankhafte Röthung des Auges".

5) Ebers S. 69. „Natron oder Salpeter".

6) Ebers l. c. „Zahnkörner".

7) Hirschberg S. 790 „thränige Absonderung".

Weihrauch
Myrrhen 1
tentem-Samen 1
Grüne Bleierde (?) 1

Behandlung der wachsenden uχedu[1]):
sa[2])-Samen von Unterägypten 1
Mennige 1
Grünspan 1
Honig 1

Darauf mach Du für ihn:
Oel 1
Frühjahrswachs[3]) 1
gesfen[4])-Korn 1
Vorzüglichen Weihrauch 1
Grüne Bleierde (?) 1
Das 1 Jahr alte faulige Holzpulver[5]) 1
Weihrauch 1
Gänseschmalz 1
Bodensatz der grünen Bleierde
(Bleierde des Spätjahres?) L. 1
Collyrium 1
Oel[6]) 1

damit 4 Tage aufschmieren; nicht reibe Du stark (?)[7]).

Ein andres zu machen gegen Verschleierung[8]) im Auge den ersten Tag:
Wasser vom Vogelteich 1.

Den zweiten Tag:
Honig 1
Collyrium 1 auf einen Tag.

Ist Blut (im Auge):

---

[1]) Hirschberg S. 791 „Bindehautcatarrh mit Schwellung".
[2]) Cfr. vor. Seite Anm. 5.
[3]) Cfr. Diosc. De mat. med. II. Cap. 105.
[4]) Lüring S. 91 „möglicherweise Kupfervitriol".
[5]) Ebers S. 73 „das schwarze hinter arab. Holzpulver?"; Lüring S. 109 „vielleicht Bohrmehl". Cfr. Diosc. De mat med. Lib. I Cap. 79.
[6]) Auffallend ist, dass sich „Oel" zu Beginn und Ende des Receptes findet.
[7]) Die Uebersetzung ist unsicher.
[8]) Aegyptisch: teχen; Hirschberg S. 791 „entzündliche Hornhauttrübung"; Ebers S. 76 „iritische Affection".

Honig	1
Collyrium	1

auf das Auge streichen[1]) 2 Tage.

Wenn dabei viel Wasser vom Auge fliesst, mach Du dagegen das Mittel gegen die āfes[2])-Krankheit:

åau-Korn	1	
Grünspan	1	
Weihrauch	1	
Die Spitze der Papyruspflanze	1	kochen
Harz von Acanthus	1	
Collyrium	1	
Grünspan	1	
Zwiebel (?)	1	
Wasser	1	

zermahlen und in sein (des Auges) Inneres bringen.

Ein andres Triefen[3]) im Auge zu vertreiben:

Myrrhen	1
Bleivitriol (?)	1
qesīt[4])-Korn	1
Zwiebel (?)	1
Cyperus des Nordens	1
Grünspan	1
Antilopenexcremente	1
Das Innere vom qadīt[5])-Thier	1
Klares Oel	1

thun in Wasser, feucht stehen lassen, durchseihen und 4 Tage (als Umschlag) auflegen. Nach einer andern Vorschrift pinsele es mit einer Geierfeder ein.

Ein andres:

gesfen[6])-Samen	1
usefau-Vogel des Sees[7])	1
Zweige der Nordpflanze[8])	1.

---

[1]) Ebers S. 77 „Umschläge machen“.

[2]) Ebers l. c. „mouches volantes?“

[3]) Hirschberg S. 791 „Triefauge“.

[4]) Ebers S. 87 „hartes Korn des Grünspans“; Brugsch. VII. S. 1204 „pulvis„.

[5]) Ebers S. 177: Antilope.

[6]) Lüring S. 91 „Kupfervitriol“?

[7]) Ebers S. 88 „Pistia stratiotes“.

[8]) Ebers S. 89 „Zweige des Mastixstrauches„?

Darauf mach für ihn:

åfet[1])	1
Wachs	1

nachher geben.

Ein andres zum Fernhalten der uχedu in den Augen:

Collyrium	1
Dinte	1

die Augen damit salben.

Ein andres das Sehen zu eröffnen; nach dem Schlaf, dann auf die Augen[2]):

Beere von tenϑå	1
Der Kern von kesebt[3])-frucht	1
Collyrium	1
Wasser	1

zermahlen, zerreiben, in Eins machen und dann auf die Augen thun[4]).

Ein andres:

Zwiebeln (?)	1
Das Innere der ut'āīt-Frucht	1
Vermischen in Oel	1

zu einem Teig machen, es trocknen lassen; nachdem es getrocknet ist, damit mischen und dann auf die Augen thun[4]).

Ein andres:

	Skarabä-Collyrium[5])	1
LVII.	Zwiebeln (?)	1
	Grüne Bleierde (?)	1
	Krokodilkoth	1
	Bleivitriol (?)	1
	Rothes Natron	1
	Honig	1

in Eins machen und hernach auf die Augen thun[4]).

---

[1]) Ebers S. 89. „Mark“?
[2]) Die Uebersetzung ist ganz unsicher; cfr. Ebers S. 90.
[3]) Vielleicht: Ricinusfrucht; doch sehr zweifelhaft. L.
[4]) Die Uebersetzung ist nicht sicher; wörtlich: „thun hinter die Augen“, was keinen rechten Sinn giebt.
[5]) Ebers S. 91 „Stibiumoxyd“?

Ein andres für das Zusammenziehen[1]) der Pupille des Auges:

Feilspäne vom Ebenholz[2])	1
sa[3])-Samen von Oberägypten	1

in Wasser mischen und oftmals auf die Augen thun.

Ein andres uḥat[4]) in den Augen zu vertreiben:

Collyrium	1
Mennige	1
Grüne Bleierde (?)	1
Rothes Natron	1

hernach auf die Augen thun[6]).

Ein andres zum Vertreiben der Albugo[5]) der Augen:

Schildkrötenhirn	1
Honig	1

sodann auf die Augen thun[6]).

Ein andres zum Vertreiben des Blutes[7]) in den Augen:

Schreibfarbe	1
Grünspan	4
Collyrium	1
Fauliges Holzpulver[8])	1
Zwiebeln (?)	1
Wasser	1

zermahlen, zerreiben und in die Augen thun.

Andre Mittel[9]) gegen Verschleierung, die sich im Auge erhebt:

Trockene Excremente vom Leib eines Kindes	1
Honig	1

in frische Milch thun und nachher auf die Augen bringen[6]).

---

[1]) Ebers S. 92. „Hypopyon"? Lüring S. 111 „Verdunkeln der Pupillen"; Hirschberg S. 792. „Verengerung der Pupille".

[2]) Aegyptisch: hebeni.

[3]) Ebers S. 94 „Natron oder Salpeter".

[4]) Ebers S. 94 „Verkalkung in den Meibomschen Drüsen"; Lüring S. 17 liest neḥat = Schielen.

[5]) Hirschberg S. 792 „weisse Narbe der Hornhaut".

[6]) Cfr. vor. Seite Anm. 4.

[7]) Hirschberg S. 807 „Blutunterlaufung der Lider".

[8]) Ebers S. 96 „arab. Holzpulver"?

[9]) Mit schwarzer Dinte ist hier eingefügt: ȧrt = zu machen.

Ein andres das Schielen[1]) in den Augen zu vertreiben:

Schildkrötenhirn 1
àbrà[2])-Salbe 1

in die Augen bringen.

Ein andres gegen šau[3]) in den Augen:

Rindsleber gebraten und . . . . [4]) mit Vorsicht darauf thun.

Ein andres Blut um die Augen zu vertreiben:

Weihrauch 1
Crocus[5]) 1

in die Augen thun.

Ein andres Hitze[6]) in den Augen zu vertreiben:

Zwiebeln (?) 1
Collyrium 1
tenθà-Beere 1

nachher auf die Augen thun[7]).

Ein andres Fett[8]) in den Augen zu vertreiben:

Collyrium 1
Grünspan 1
Mennige 1
Bleivitriol (?) 1
Honig 1

hernach auf die Augen bringen[7]).

Ein andres Granulation[9]) im Auge zu vertreiben:

Collyrium 1
Grünspan 1
Zwiebeln (?) 1

---

1) Aegyptisch: neḥat.
2) Bezeichnung eines heiligen Salböls.
3) Ebers S. 98 „Hitze".
4) Die Uebersetzung von ääf ist bis jetzt unbestimmbar.
5) Nach Ebers S. 99 „Chelidonium majus"; ägyptisch: matet.
6) Mit schwarzer Tinte ist hier eingeschoben: suš n = Beengung (?) in Folge von (Hitze); cfr. Tafel 44 Zeile 8, wo derselbe Ausdruck vom Herzen gebraucht ist.
7) Cfr. S. 84. Anm. 4.
8) Ebers S. 100 „Xanthelasma"; Hirschberg S. 808 denkt an „Steatom" oder „Hydatis".
9) Ebers S. 101 „Gerstenkorn"; ägyptisch: pedest = globulus.

Fauliges Holz (?)[1] 1
gesfen[2]-Korn 1
in Wasser umrühren und sodann auf die Augen thun[3].

Ein andres gegen Blindheit[4]:

2 Schweinsaugen, das Wasser darin[5] ausziehen
Echtes Collyrium 1
Mennige 1
Roher Honig 1
zermahlen, zerreiben, in Eins machen und in das Ohr des Patienten spritzen, damit er sofort gesund werde.

Wenn Du der Ordnung gemäss nachgesehn hast, so sag als Zauberformel her: Ich habe dieses Ding geführt und auf jenen Platz gebracht; das Krokodil ist schwach und kraftlos; zweimal!

Ein andres Blindheit in den Augen durch eine Pille[6] zu vertreiben:

Trockene Myrrhen zermahlen in saurer Milch und dann LVIII.
auf die Augen thun[7].

Ein andres:

Zwiebel (?) in Honig mischen und sodann auf die Augen thun[7].

Ein andres zur Behandlung der Sehkraft in den Augen:

Stibium 1
Dinte 1
Zwiebeln (?) 1
gesfen[8]-Korn 1
Männliches Collyrium[9] 1
in Eins machen und auf die Augen thun.

Ein andres Albugo in den Augen zu vertreiben:

---

1) Cfr. Ebers S. 101 „arab. Holzpulver?".
2) Lüring S. 91 „Kupfervitriol"?
3) Cfr. S. 84. Anm. 4.
4) šepet; Hirschberg S. 808 „Amblyopie der Griechen".
5) Eigentlich: das Wasser, das dazu gehört.
6) Ebers S. 103 übersetzt m benen mit „an dem Rundkörper (Pupille oder Linse)"; Lieblein: in dem Rundkörper.
7) Cfr. S. 84. Anm. 4.
8) Lüring S. 91 „Kupfervitriol"?
9) Cfr. Plinius. Histor. natur. Lib. XXXIII. Cap. 101. „Duo eius (stibii) genera mas et femina."

Es ist ein Geschrei am südlichen Himmel unter Finsternis, es ist ein Aufruhr am nördlichen Himmel; die Säulenhalle stürzt ins Wasser; des Sonnengottes Schiffsleute schlagen ihre Ruder, so dass die Köpfe an seiner Seite ins Wasser stürzen. Wer führt heran, was er findet? ich führe hervor, was ich finde; ich führe Eure Köpfe hervor, ich richte Eure Nacken auf; ich befestige, was an Euch abgeschnitten war, an seiner Stelle. Ich führe Euch hervor, um den Gott des Fiebers und alle möglichen Todesarten zu vertreiben, soviel ihrer sind. Eine Formel herzusagen über Schildkrötenhirn, das in Honig gemischt wird, und sodann auf die Augen bringen[1]).

Ein andres Hitze in den Augen zu vertreiben:

Wachholderbeeren von Byblos[2])

zermahlen, zerreiben in Wasser und dem Kranken sodann auf seine beiden Augen thun[3]), um ihn sofort gesund zu machen.

Ein andres:

Talg von der Kinnlade eines Esels in kühlem Wasser mischen und dem Kranken auf seine Schläfe[4]) thun, um ihn sofort gesund zu machen.

Ein andres für die Schläfe[5]):

Crocus in kühlem Wasser zerstossen, der Person auf ihren Augenrand thun, um sie sofort gesund zu machen.

Ein andres:

Eselszahn in Wasser mischen und der Person auf ihren Augenrand thun, um sie sofort gesund zu machen.

LIX. Ein andres adet[6]) im Auge zu vertreiben:

Excremente des ḥenut-Vogels	1
Seesalz	1
Weihrauch	1

in Eins machen und in das Innere des Auges thun.

---

1) Cfr. S. 84. Anm. 4.

2) Stadt in Phönicien; ägyptisch: kepni.

3) Cfr. S. 84. Anm. 4.

4) Aegyptisch: mā; Brugsch. Wört. VI. S. 537 „Backe, Wange"; ich schlage die Uebersetzung: „Schläfe, Augenrand" vor.

5) Ebers S. 121 „Blepharitis".

6) Ebers S. 122 „Pterygion"? Lüring S. 32 „Verletzung"; Hirschberg, „Geschichtliche Studien eines Augenarztes" S. 49 „Carcinom des Auges (?)". Mir scheint Lürings Uebersetzung am wahrscheinlichsten.

Ein andres Hitze zu vertreiben:
sa[1])-Korn von Oberägypten in Quellwasser thun und ins Auge thun, um ihn zu heilen.

Ein andres χent[2]) in den Augen zu vertreiben:

Collyrium	$^1/_{32}$
senen[3])-Harz	$^1/_{16}$
Galmei	$^1/_{16}$
Schreibfarbe	$^1/_{64}$
Frische Myrrhen	$^1/_{64}$
sa[1])-Korn von Oberägypten	$^1/_{64}$

zermahlen, zerreiben, in Eins machen und in die Augen thun, um sie sofort zu heilen.

Ein andres Eiterfluss[4])(?) in den Augen zu vertreiben:

Echtes Collyrium in Wasser thun in einem hennu-Krug 4 Tage; die Handlung wiederholen, indem man es 4 Tage in Gänseschmalz bringt; es werde mit der Milch einer Frau, die einen Knaben geboren hat, gewaschen; es 9 Tage trocknen lassen, es werde zermahlen; eine ganze Myrrhenkugel darauf thun und damit die Augen salben.

Ein andres adet[5]) im Auge zum ersten Mal, nachdem man seine Beschwörung gesprochen hat, zu vertreiben:

χeperȧ-Honig[6]) oder eine Honigwabe 4 Tage darauf[7]) thun.

Zum zweiten Mal:

Kupfergrünspan	$^1/_8$
Collyrium	$^1/_8$
Fauliges Holz[8]) (?)	$^1/_8$
sa[9])-Korn von Oberägypten	$^1/_8$

in Eins zermahlen und 4 Tage darauf[7]) thun.

---

1) Ebers S. 125. „Natron oder Salpeter“.
2) χent = Hervorragendes, also Geschwulst; Ebers S. 125 „Lidabscess“; Lüring S. 32 „grössere Geschwüre“.
3) Ebers l. c. „Opalharz“.
4) Aegyptisch: bȧdi; Ebers S. 126 „Chemosis“; nach Lüring S. 118 „ein anderer Name für das t'eft'eft“; cfr. T. 59 Zeile 22.
5) Cfr. vorige Seite Anm. 6.
6) Ebers S. 128 „Käferwachs“.
7) Nämlich: „auf das Auge“.
8) Ebers l. c. „arab. Holzpulver“?
9) Ebers l. c. „Natron oder Salpeter“.

Ein andres:

Eidechsenexcremente	1
sa[1])-Korn von Oberägypten	1
Collyrium	1
Naturhonig	1

in Eins zermahlen und auf die Augen thun.

Ein andres:

Mennige	1
Collyrium	1
Naturhonig	1

in Eins machen und auf die Augen thun.

Ein andres:

Kupfergrünspan	1
Honig	1

4 Tage auf die Augen thun.

Ein andres:

Mennige	1
Collyrium	1
senen[2])-Harz	1
Naturhonig	1

in Eins zermahlen und 4 Tage auf die Augen thun.

Ein andres:

Mennige	1
Fauliges Holz[3]) (?)	1
Eisen von der Stadt qesi[4])	1
Galmei	1
Straussenei	1
sa[5])-Korn von Oberägypten	1
Pulver vom ḥennut-Metall[6])	1
Honig	1

in Eins machen und auf die Augen thun.

Ein andres:

Schwarzer Messerstein	1
Weihrauch	1

---

[1]) Cfr. vor. Seite Anm. 9.

[2]) Ebers S. 128 „Opalharz"?

[3]) Cfr. vor. Seite Anm. 8.

[4]) qesi = Apollinopolis parva, Stadt in Oberägypten; Lüring S. 97 „Alabaster".

[5]) Ebers S. 131 „Natron oder Salpeter".

[6]) Ebers l. c. „Schwefelpulver"?

Collyrium	1
Honig	1

4 Tage in die Augen thun.

Ein andres gegen t'eft'eft[1]) im Auge:

Lehm von einer Statue[2])	1
Blätter des Ricinusstrauches	1
Honig	1

für denjenigen, dessen beide Augen an Eiterfluss[3]) (?) leiden[4]); zermahlen, zerreiben, in Eins machen und auf die Augen thun. LX.

Ein andres das Sehen zu eröffnen:

Collyrium	$^1/_8$
Fauliges Holz (?)[5])	$^1/_4$
senen[6])-Harz	$^1/_4$
Schreibfarbe	$^1/_{64}$
sa[7])-Korn von Oberägypten	$^1/_{64}$
Myrrhen	$^1/_{64}$

in Eins machen und damit die Augen salben.

Ein andres das Aufsteigen[8]) von Wasser in den Augen zu vertreiben:

Echter Lapis lazuli	1
Grünspan	1
senen[6])-Harz	1
Milch	1
Collyrium	1
Krokodilerde[9])	1
menuu[10])-Weihrauch	1

in Eins machen und hernach auf die Augen thun[11]).

Ein andres:

---

1) Lüring S. 32 „Eiterfluss“; Ebers S. 131 „Phlegmone“; Brugsch. Wört. VII. S. 1384 „das Triefen des Auges“.

2) Cfr. Diosc. de mat. med. Lib. I. Cap. 36.

3) Aegyptisch: bâdi.

4) Hier ist im Papyrus eine Lücke von einer halben Zeile, doch scheint der Text dadurch nicht unterbrochen zu sein.

5) Ebers l. c. „arab. Holzpulver“.

6) Ebers l. c. „Opalharz“?

7) Ebers l. c. „Natron oder Salpeter“.

8) Aegyptisch: ăχet. Ebers l. c. „Cataract oder Staar“; Hirschberg S. 53 „ῥεύματος ἐπιφορά“.

9) Ebers l. c. „Nilschlamm“?

10) Vielleicht: Stücke (?) von Weihrauch

11) Cfr. S. 84. Anm. 4.

sehetet-Korn 1
Gänseschmalz 1
Naturhonig 1

in Eins machen und 4 Tage in die Augen thun.

Ein andres:

gesfen[1])-Korn 1
Grünspan 1
per-ḥer-setef[2]) 1

zermahlen, in Eins machen und damit die Augen salben.

Ein andres Verschleierung[3]) im Auge zu vertreiben:

šaša[4])-Stücke, gekocht 1
Zwiebel (?) 1
Honig 1

zermahlen, zerreiben, aufbewahren in einem Tuch, damit das Auge verbinden, das verschleiert[3]) ist; sodann auf die Augen (thun)[5]).

Ein andres Albugo[6]) im Auge zu vertreiben:

Granit[7]), zermahlen, zerreiben, in ein Tuch pressen und es auf die Augen binden.

Andre Mittel Schielen[8]) in den Augen zu vertreiben:

Harz von Acanthus 1
Zwiebelpulver (?) 1
Granit[7]) 1

zermahlen und als Pflaster auf die Augen legen.

Ein andres Blut um die Augen[9]) zu vertreiben:

2 Schalen von Thon, die eine mit Pulver der Dumpalmenfrucht und Milch von einer Frau, die einen Knaben geboren, die andre mit (Kuh)milch, feucht stehen lassen; am Morgen fülle deine beiden Augen mit jener Dumpalmenfrucht[10])

---

1) Lüring S. 91. „Kupfervitriol"?
2) Ebers S. 137 „was aus seinem Lande heraustritt = Marienglas oder Gyps".
3) Aegyptisch: teχen; cfr. S. 82. Anm. 8.
4) Brugsch. Wört. VII. S. 1226 „Kuchen aus zusammengepressten Rosinen".
5) Cfr. S. 84. Anm. 4.
6) Cfr. S. 85. Anm. 5.
7) Ebers S. 138 „Glaskopf oder Hämatit"?
8) Aegyptisch: neḥat.
9) Ebers S. 140 „Bluterguss in den Augen".
10) Nämlich von der ersten Schale.

nachher wasch Du die Augen mit dieser (Kuh)milch[1]) vier Mal 6 Tage lang.

Ein andres Aufsteigen von Wasser[2]) in den Augen zu vertreiben:

Komm Grünspan, komm Grünspan! Komm frisch; komm Ausfluss aus dem Auge des Gottes Horus; es komme das, was aus Tums Auge rinnt; komm Saft, der von Osiris strömt. Er kommt zu ihm, er vertreibt ihm Wasser, Eiter, Blut, Augentzündung, Eiterfluss, Blindheit, Triefauge, die bewirkt der Gott des Fiebers, aller Todesarten, der uχedu jeder Art und aller bösen Dinge in diesen Augen, soviel ihrer sind.

Worte zu sprechen über Grünspan gemischt in χeperà-Honig[3]); LXI. dazu setzen Cyperus und mit LXI.
Vorsicht[4]) auf das Auge bringen.

Ein andres[5]) von der Augensalbe uχedu in den Augen abzuwehren:

Spitze der Papyruspflanze
Zwiebeln (?)
Honig
Gänseschmalz

zu gleichen Theilen[6]); hernach mit Vorsicht[4]) auf die Augen thun[7]), unzählige Male.

Ein andres[5]) die Blutgefässe[8]) in den Augen zu vertreiben:

Getrocknete Myrrhen, neḥedet[9])-Korn, Grünspan

zu gleichen Theilen[6]); hernach auf die Augen thun[7]).

Was zu brauchen ist im 3. zum 4. Wintermonat[10]):

---

[1]) Nämlich der zweiten Schale.
[2]) Cfr. S. 91. Anm. 8.
[3]) Ebers S. 142 „Käferwachs“.
[4]) Wörtlich: der Ordnung gemäss, wie es sich gehört.
[5]) ket ist mit schwarzer Tinte geschrieben.
[6]) Wörtlich: ein Bein zum andern.
[7]) Cfr. S. 84. Anm. 4.
[8]) Ebers S. 144 „subconjunctivaler Blutaustritt“.
[9]) Ebers l. c. „Zahnkrautkörner“?
[10]) Ebers S. 146 „vom 17. Januar bis 16. Februar jul.“; eigentlich „im 3. Monat des Sprossens (der Saat) bis zum 4. Monat des Sprossens“, entsprechend unserem Winter.

Collyrium, sa[1])-Korn von Oberägypten, Dinte[2]), Galmei, fauliges Holz[3]) (?)

zu gleichen Theilen[6]); in die Augen thun.

Eine andre Augensalbe, anzuwenden im Sommer, Winter und in der Ueberschwemmungsjahreszeit (d. h. für das ganze Jahr):

Collyrium, am Morgen in Schmalz von der terp[4])-Gans zerreiben; es soll nicht ans Feuer kommen[5]); damit nachts salben.

Ein andres:

Collyrium, Grünspan, Lapis lazuli, Honig, Grüne Bleierde (?)

zu gleichen Theilen[6]); zu einem gezogenen Teig machen und sodann auf die Augen thun[7]).

Ein andres Geschwulst am Kopfe[8]) mit Augensalbe zu vertreiben:

Collyrium	1
Fauliges Holz[9]) (?)	$^1/_8$
senen[10])-Harz	$^1/_{16}$
Galmei	$^1/_{16}$
Schreibfarbe	$^1/_{64}$
Getrocknete Myrrhen	$^1/_{64}$
tenθâ-Beere	$^1/_{64}$.

Andre Mittel für das Auge, wenn ihm etwas Böses zugestossen ist:

Menschenhirn, in 2 Hälften theilen; seine eine Hälfte in Honig thun und das Auge damit am Abend (wenn es dunkel ist) salben und seine andere Hälfte trocken machen; zermahlen, zerreiben und das Auge damit am Morgen salben.

---

[1]) Ebers S. 146. „Natron oder Salpeter".

[2]) Von Ebers wohl aus Versehn in seiner Uebersetzung weggelassen.

[3]) Ebers l. c. „arab. Holzpulver"?

[4]) Eine besondre Gänseart, die man bei den Opfern darzubringen pflegte.

[5]) Eigentlich: nicht in Feuer fallen lassen.

[6]) Cfr. vor. Seite Anm. 6.

[7]) Cfr. S. 84. Anm. 4.

[8]) Wohl Atherom.

[9]) Ebers S. 149 „arab. Holzpulver"?

[10]) Ebers l. c. „Opalharz"?

Ein anderes das Gesicht zu stärken[1]), anzuwenden im 1. bis zum 2. Wintermonat[2]):

Collyrium, Männliches Collyrium[3]), senen[4])-Harz zu gleichen Theilen; in die Augen thun.

Ein andres:

sa[5])-Korn von Oberägypten, Collyrium zu gleichen Theilen; sodann auf die Augen thun[6]).

Ein andres:

Zwiebeln (?), Collyrium, Honig zu gleichen Theilen; in die Augen thun.

Ein andres das Sehen zu öffnen:

Die Topfscherbe eines neuen hennu-Gefässes in frischer Milch erwärmt, oftmals auf die Augen thun.

Eine andre Augensalbe zum Oeffnen des Sehens:

Collyrium, Rindermark (?) in die Augen thun.

Ein andres das Sehen zu öffnen:

Collyrium	4	
Honig	3[7])	ebenso.

Ein andres LXII das Sehen zu öffnen: LXII.

Collyrium, Saft von frischen Zwiebeln (?), Naturhonig in die Augen thun.

Eine andre Augen(salbe):

Collyrium	2
Honig	4
Grünspan	1/4
Grüne Bleierde (?)	1/4
Echter Lapis lazuli	

zermahlen und in die Augen thun.

Eine andre Augensalbe:

Collyrium	2
Gänseschmalz	2
Wasser	4

in die Augen spritzen.

---

1) Wörtlich: das Sehn wachsen zu machen.
2) Ebers S. 150 „vom 17. November bis 16. December“ jul.
3) Cfr. S. 87. Anm. 9.
4) Cfr. vor. Seite Anm. 10.
5) Ebers l. c. „Natron oder Salpeter“.
6) Cfr. S. 84. Anm. 4.
7) Die Zahl ist nachträglich mit rother Tinte eingeschoben.

Ein andres Albugo[1]) zu vertreiben, die in den Augen entstanden ist:

Collyrium	1
Fauliges Holz[2]) (?)	1

zermahlen, zerreiben und in die Augen thun.

Ein andres:

Dinte	1
Collyrium	1
Wasser	

zermahlen, zerreiben und in die Augen thun.

Ein andres:

Ebenholz[3]), Collyrium, Wasser ebenso

Ein andres:

Galle (?) vom àbdu-Fisch (Flösselhecht), Collyrium ebenso.

Ein andres:

Sahne, Milch ebenso.

Ein andres das Schielen[4]) zu vertreiben:

Collyrium	1
Mennige	1
Grüne Bleierde (?)	1
Rothes Natron	1

zermahlen, sodann auf die Augen thun[5]).

Ein andres typhonische Nebel[6]) in den Augen zu vertreiben:

Zwiebeln (?), Harz von Acanthus, Grünstein, Milch einer Frau, die einen Knaben geboren hat

in Eins machen und sodann auf die Augen thun[5]).

Ein andres adīt[7]) im Auge zu vertreiben:

Collyrium	$^1/_2$
Geierei	$^3/_4$

zermahlen, zerreiben und sodann auf die Augen thun[5]).

---

[1]) Cfr. S. 85. Anm. 5.
[2]) Ebers S. 154 „arab. Holzpulver"?
[3]) Aegyptisch: hebeni.
[4]) Aegyptisch: neḥat.
[5]) Cfr. S. 84. Anm. 4.
[6]) Eigentlich: qesemut = Glanzlosigkeit, Verdunkelung, Nebel; deŝer = roth oder typhonisch = böse; Ebers S. 156 „allgemeine Trübung der Hornhaut, die mit Reizerscheinungen verbunden ist".
[7]) adīt ist eine Variante von adet; cfr. S. 88. Anm. 6.

Ein andres:

Collyrium	2	
Honig	$\frac{1}{64}$	
Grüne Bleierde (?)	$\frac{1}{16}$	
Mennige	$\frac{1}{8}$	
senen[1])-Harz	$\frac{1}{16}$	ebenso.

Ein andres:

Mennige	$\frac{1}{32}$	
Grüne Bleierde (?)	$\frac{1}{4}$	
Collyrium	$\frac{1}{32}$	
senen[1])-Harz	$\frac{1}{16}$	
Naturhonig	$2\frac{1}{4}$	ebenso.

Ein andres:

Schwarzer Messerstein	$\frac{1}{32}$
Weihrauch	$\frac{1}{8}$
Krokodilerde[2])	1
Honig	1

auf die Augenbrauen[3]) thun.

Ein andres:

Mennige	$\frac{1}{64}$	
Grüne Bleierde (?)	$\frac{1}{64}$	
Naturhonig	$\frac{1}{8}$	
Collyrium	$\frac{1}{8}$	
senen[1])-Harz	$\frac{1}{32}$	ebenso.

Ein andres das Sehn zu öffnen:

Sahne, Milch einer Frau, die einen Knaben geboren in Eins machen und in die Augen spritzen.

Ein andres Triefauge, Dunkelheit, Augenschmerzen und Entzündungen, die in den Augen entstanden sind, zu vertreiben:

Fauliges Holz[4]) (?)	1
Grünspan	1
Zwiebelpulver (?)	1
Harz von Acanthus	1

1) Ebers S. 157 „Opalharz“?
2) Ebers S. 158 „Nilschlamm“?
3) Eigentlich: die Arme der Augen.
4) Ebers S. 159 „arab. Holzpulver?“; Lüring S. 109. „Bohrmehl?“

Spähne von Ebenholz	1
Saft der qebu[1])-Frucht	1

in Eins machen, zu einem trocknen Teig machen, in Wasser mischen und dann auf die Augen bringen[2]).

Ein andres Fett[3]) im Auge zu vertreiben:

Grünspan	2
Schreibfarbe	1
Collyrium	$2^1/_2$
Natron	1
LXIII. Grüne Bleierde (?)	$^1/_8$

in Wasser zermahlen und sodann auf die Augen thun[2]).

Ein andres:

Mennige	1
Gänseschmalz	1

damit dann auf die Augen schmieren[2]). Sieh nach[4])!

Ein andres eine Geschwulst in der Nase[5]) zu vertreiben:

Collyrium	1
Fauliges Holz[6]) (?)	1
Trockene Myrrhen	1
Honig	1

4 Tage damit (das Auge) salben; sieh gut nach, denn dieses ist das Rechte.

Eine andre (Augen)salbe, zubereitet vom Priester-Pharmaceuten[7]) χuī:

Collyrium	1
Grünspan	1
sa[8])-Korn von Oberägypten	1
sa[8])-Korn von Unterägypten	1
Mennige	1
Fauliges Holz[6]) (?)	1
Naturhonig	1.

---

[1]) Ebers S. 160 „Behenöl".
[2]) Cfr. S. 84. Anm. 4.
[3]) Aegyptisch: qenȧt; cfr. S. 86. Anm. 8.
[4]) So übersetze ich das am Anfang der Zeile 2 stehende ȧr maek Ebers liest ȧr χerek.
[5]) Ebers S. 161 „Dakryocystitis"; ägyptisch: χent m fent.
[6]) Cfr. S. 96. Anm. 2.
[7]) Ebers S. 162 „Sonnenpriester von Heliopolis".
[8]) Ebers l. c. „Natron oder Salpeter".

Ein andres Blindheit[1]) in den Augen zu vertreiben:
Zwiebeln (?), zermahlen, zerreiben, in ein Tuch hüllen lassen, in Naturhonig verschliessen und in die Augen thun.

Ein andres Hindernisse[2]) der Muskeln in den Augen[3]) zu vertreiben:
Grünspan, Weihrauch, Mennige
zermahlen und auf die Augen thun.

Andre Mittel für die Augen, mitgetheilt von einem Semiten aus Byblos[4]):

ät'aulen[5])-Korn	1
Datteln	1
Frische Datteln	1
Durra	1
θuθeken[5])-Korn	1
Mennige	1
âbennu-Metal	1
Salz	1
deḥui[6])-Frucht	1
Collyrium	1

Schenkeltalg, frisches Baumöl (?)
auf die Mittel thun.

Ein andres Granulation[7]) im Auge zu vertreiben:

Collyrium	1
senen[8])-Harz	1
Fauliges Holz[9]) (?)	1

das Auge damit salben.

Ein anderes Druck[10]) der Haare im Auge zu vertreiben:

---

1) Aegyptisch: šepet; cfr. S. 87. Anm. 4.
2) Aegyptisch: χesefu = Hindernisse, Lähmungen.
3) Hirschberg S. 840 „Lähmung der Lider"; Ebers S. 163 „Augenmuskellähmung".
4) Aegyptisch: kepni; Stadt in Phönien.
5) Pflanze aus Phönicien.
6) Sonst θeḥui, teḥui.
7) Cfr. S. 86. Anm. 9.
8) Ebers S. 165 „Opalharz?"
9) Ebers l. c. „arab. Holzpulver?"
10) Aegyptisch: uāf = νύσσω = stossen, stechen; Ebers l. c. „Trichiasis".

Myrrhen	1
Eidechsenblut	1
Fledermausblut	1

die Haare ausrupfen und darauf thun, um es gesund zu machen[1]) (das Auge).

Ein andres das Haar nicht in das Auge wachsen zu lassen, nachdem man es ausgerupft hat:

Weihrauch zermahlen in	
Excrementen der Eidechse	1
Kuhblut	1
Eselsblut	1
Schweineblut	1
Hundeblut	1
Hirschblut	1
Collyrium	1
Grünspan	1

zermahlen, in Eins zerreiben in diesen Blutsorten und an die Stelle dieses Haares thun, nachdem man es ausgerupft hat, dass es nicht wächst.

Ein andres:

Fledermausblut	1
Der Rand von einem neuen hennu-Gefäss	1
Honig	1

zermahlen, zerreiben und an die Stelle dieses Haares thun, nachdem man es ausgerupft.

Ein andres:

Rinderfett	1
Baumöl (?)	1
Das Innere des äpnent-Thieres[2])	1

in Eins zermahlen, auf Feuer setzen und an die Stelle des Haares thun.

Ein andres:

Hirn vom uáat-Vogel, ein Blatt[3]) damit bestreichen und auf
LXIV. die Stelle dieses Haares thun, nachdem man LXIV. es ausgerupft.

Ein andres das Haar ins Auge nicht wachsen zu lassen, nachdem man es ausgerupft:

---

[1]) Cfr. Diosc. de mat. med. Lib. I. cap. 52; ed. Kühn Vol. 26. Seite 116.

[2]) Ebers S. 169 „Maulwurf?"

[3]) Ebers S. 170 „Weinrebe".

Wespenexcremente 1
Mennige 1
Urin 1

mischen und auf die Stelle dieses Haares thun, nachdem man es ausgerupft.

Ein andres. Mittel Granulation[1]) im Auge zu vertreiben:

senen[2])-Harz 1
Collyrium 1
Fauliges Holz[3]) (?) 1

damit die Augen salben.

Ein andres Fett[4]) im Auge zu vertreiben:

Messerstein in frischer Milch mischen und sehr häufig darauf (auf das Auge) bringen[5]).

Ein andres gegen Biss (oder Stich) von Menschen:

Stücke eines ändu-Gefässes, Calmus

zerstossen, in Eins machen und als Pflaster auflegen.

Ein andres zweites Mittel:

Weihrauch 1
Grüne Bleierde (?) 1
Gazellenhirn 1

in Eins machen und als Pflaster auflegen.

Ein andres drittes Mittel:

Gotteskraut (?) 1
Weihrauch 1
Knoblauch 1

kochen, zu einer Salbe machen und als Pflaster auflegen.

Ein andres:

Mach Du ihm einen Umschlag in rohem Fleisch den ersten Tag; nachher behandle ihn mit Oel und Honig, um ihm wohl zu thun; sodann thu Du Oel in[6]) Wachs, um ihm sofort wohl zu thun.

---

[1]) Aegyptisch: pedest; cfr. Seite 86. Anm. 9.
[2]) Ebers S. 171. „Opalharz?"
[3]) Ebers l. c. „arab. Holzpulver?"
[4]) Cfr. S. 86. Anm. 8.
[5]) Hier endet der Abschnitt von den Augenkrankheiten; cfr. hierzu Diosc. Τὰ τῶν ὀφθαλμῶν βοηθήματα. Ed. Sprengel. Vol. 26. S. 107—120. Ebers rechnet zu diesem Abschnitt noch eine Reihe von Recepten und Vorschriften, die mit dem Kapitel von den Augenkrankheiten gewiss nichts zu thun haben.
[6]) ḥer ist mit rother Tinte (nachträglich) dazwischengeschrieben.

Zu machen gegen den Biss eines Krokodiles[1]:

Triffst Du den Krokodilbiss[1]) und Du findest sein Fleisch gleichmässig heruntergefallen auf beiden Seiten, so beleg Du es in rohem Fleisch den ersten Tag; in gleicher Weise trocknet alles Fleisch einer Person[2]).

Der Beginn von den Mitteln Kopfschwäche[3]) zu vertreiben:

Beere von dega[4])-Baum	1
Fett	1
baq-Oel	1

in Eins machen und damit 6 Tage einreiben.

Ein andres:

Lein (σάρι), in Honig zerstossen und als Pflaster auflegen.

Ein andres:

Mennige	1
Honig	1

als Pflaster auflegen.

Ein andres:

Lapis memphites (?)	1
Palmwein	1
šepnen[5])-Samen	1
Honig	1
šeneft[6])-Korn	1

in Eins machen und damit einreiben.

Ein andres:

Honig	1
Palmwein	1
šeneft[6])-Korn	1

damit einreiben.

Ein andres:

---

[1]) Eigentlich: gegen den Krokodilrachen. Ebers, der diesen kleinen Abschnitt noch, wie oben erwähnt, zu den Augenkrankheiten rechnet, sieht hierin eine Augenkrankheit, nämlich das Pterygion. Er hat wohl übersehn, dass oben (Tafel 59. 1) adet anders determinirt ist als hier und dass oben vor Allem von „adet m mert" die Rede ist; cfr. auch Tafel 59. 10.

[2]) Die Uebersetzung ist unsicher.

[3]) χensīt = krankhafte Mattigkeit, Schwäche.

[4]) Aegyptisch: dega, statt deqm (?); vielleicht also Ricinusstrauch (?).

[5]) Lüring S. 45 „Mohn".

[6]) Ebers S. 31 „gehört zu den als Opfer dargebrachten Körnern".

Mennige	1
Oel	1
Zwiebeln (?)	1

in Eins machen und damit einreiben.

Ein andres:

Die Haut des Nilpferdes, erhitzt	1
Oel	1
šepnen[1])-Körner	1
Zwiebeln (?)	1

in Eins machen und damit einreiben.

Ein andres:

ȧbu-Körner	1
Myrrhen	1
Zwiebelmehl (?)	1
Krokodilerde[2])	1
Straussenei	1

damit verbinden.

Ein andres: XLV.

Lapis memphites (?)	1
šepnen[3])-Körner	1
Myrrhen	1
sehetet-Körner	1

damit verbinden.

Ein andres:

Kümmel	1
Kräuter des Feldes	1
Seezunge-Körner	1
šefšeft-Körner	1

zermahlen, in Eins zerreiben und damit verbinden.

Ein andres:

Oel vom Nildpferd	1
Pulver von Mentha montana	1
Myrrhen	1
mesfen[4])-Körner	1
Bleivitriol (?)	1

in Eins zermahlen und damit einsalben.

---

1) Cfr. vor. Seite Anm. 5.
2) Ebers S. 186. „Nilschlamm?"
3) Lüring S. 45. „Mohn".
4) Statt gesfen; Lüring S. 91 „Kupfervitriol?"

Ein andres:

peneš-Körner 1
Krokodilerde[1]) 1
Mentha montana 1

damit verbinden. Wenn Luft fehlt[2]) thu Du Oel dazu.

Ein andres:

Straussenöl, Galle des schwarzen àbdu-Fisches[3]), Bleivitriol (?), sefet[4])-Oel, Weihrauch

in Eins machen und den Kopf damit 4 Tage einreiben.

Ein andres:

Mennige 1
Grüne Zwiebeln (?) 1
Oel 1

in Eins machen und damit einreiben.

Beginn[5]) von den Arzeneimitteln graues Haar zu entfernen und das Haar zu conserviren:

Das Blut von einem schwarzen Kalb in Oel kochen und damit einreiben.

Ein andres:

Schildkrötenschale und Kehle[6]) vom gabgu-Vogel in Oel kochen und häufig damit einreiben.

Ein andres graues Haar nicht entstehn zu lassen:

Uterus[7]) der Katze, Ei vom gabgu-Vogel, Oel, àbrà[4])-Salbe warm machen und auf den Kopf der Person thun, nachdem er die Mischung vorgenommen hat (?)[8]).

Ein andres:

Das Blut von einem schwarzen Kuhhorn in Oel erwärmen und damit einreiben.

Ein andres:

---

[1]) Ebers S. 186 „Nilschlamm?"
[2]) Aegyptisch: χemu.
[3]) Flösselhecht.
[4]) Ein heiliges Salböl.
[5]) Es ist bemerkenswerth, dass zu den Salben dieses Abschnittes häufig eine schwarze Substanz oder eine solche von einem schwarzen Thier verordnet wird.
[6]) Aegyptisch: beqsu; Lüring S. 130 „Federn".
[7]) Eigentlich: Mutter der Menschen.
[8]) Die Uebersetzung ist unsicher; Lüring S. 132 vermuthet „nachdem man (den Kopf) vorher geschoren hat". Stern giebt dem Worte mät' die Bedeutung: „liquor".

Galle von vielen beḥāu [1])-Fischen in einen hennu-Krug thun und auf den Kopf einer Person bringen, die graues Haar hat.

Ein andres:

Getrocknete Kaulquappe vom Kanal, zermahlen und mischen in ȧbrȧ-Balsam, damit einreiben, nachdem er die Mischung vorgenommen hat [2]) (?).

Ein andres:

Blut von der Kehle [3]) des gabgu-Vogels in echten ȧbrȧ-Balsam thun und damit einreiben. Er streckt seine Hand aus auf den Rücken eines lebenden Falken, ihn auf seinen Kopf setzend gegen eine lebende Schwalbe [4]).

Ein andres:

Horn eines Hirschkalbes, in Oel in einer Pfanne erwärmen, in Oel mischen und damit den Kopf eines Mannes oder einer Frau einreiben.

Ein andres graues Haar wirklich zu vertreiben und das Haar zu conserviren:

Blut einer schwarzen Kuh, in Oel thun und damit einreiben.

Ein andres graues Haar zu vertreiben:

Eselsklauen geröstet, Vulva einer Hündin, eine Prise (Portion) ḥemīt-Körner, Gummi, ein glattes Zeugstück [5]) LXVI. von Oel, dunkler (schwarzer) ḥeft-Wurm, uāuīt-Wurm im Koth gefunden, in Oel kochen und damit häufig einreiben. LXVI.

Haar an den Augenbrauen nicht grau werden zu lassen:

Honig in Zwiebelwasser(?) und Krokodilerde [6]); nachher eine Zeit von 3 Monaten (damit) waschen, nachdem Du es hast stehn lassen und 6 Tage es aufbewahrt [7]) (?).

---

[1]) Brugsch. Zeitschr. f. ägypt. Sprache. 1882. S. 70. „vielleicht Krebs".

[2]) Cfr. vor. Seite Anm. 8.

[3]) Cfr. vor. Seite Anm. 6.

[4]) Die Uebersetzung ist nicht sicher; Lieblein meint, es bezeichne vielleicht die Kraft des Medicamentes, das die Krankheit besiegt wie der Falke eine Schwalbe.

[5]) Hier ist im Papyrus eine $^1/_2$ Zeile lange Lücke, durch die der Text eine Unterbrechung erfahren hat. Dass etwas fehlt geht wohl daraus hervor, dass man mit „ein Zeugstück von Oel" kaum etwas anfangen kann. Aegyptisch: šep = Hemd.

[6]) Ebers S. 186 „Nilschlamm?"

[7]) Die Uebersetzung ist unsicher.

Ein andres gutes Mittel:

seter-seref-Saft[1]) (warmer Schlaftrank), Eselleber es in ein Gefäss thun, dass es zu trockenen Kügelchen wird; in einem Tiegel auf Feuer setzen; ist es darin dann erwärmt, hineinmischen in Oel und damit einreiben.

Der Beginn von Mitteln zum Haarwuchs[2]):

Zerstossene Leinsamen[3])	1
in Oel	1

in Quellwasser thun und damit einreiben.

Ein andres zum Haarwuchs für das stellenweise Kahlwerden des Kopfes[4]):

Fett der Wildkatze (Löwe)	1
Fett vom Nilpferd	1
Fett vom Krokodil	1
Fett der Katze	1
Fett der Schlange	1
Fett von Ibex nubiana	1

in Eins machen und damit den Kopf des Kahlköpfigen einreiben.

Ein andres das Haar wachsen zu lassen beim Kahlwerden[5]):

Haare des ḥunta-Thieres in Oel aufwärmen und damit den Kopf 4 Tage einreiben.

Ein andres:

Schreibfarbe in Gehirnwasser 1 mischen und darauf thun.

Lactuca geschnitten darauf thun.

Das Innere der ut'āīt-Frucht mischen in ȧbrȧ-Balsam 1, darauf thun.

Andre Mittel zum Haarwuchs, bereitetet für šeš, Mutter Sr. Majestät des Königs von Ober- und Unterägypten, tetȧ, des Gestorbenen[6]):

Die Zehen von einem Hund[7])	1
Dattelabfall	1
Eselsklaue	1

---

[1]) Ebers S. 16 „Opium?“; eigentlich „Trank des Ruhens“.
[2]) Eigentlich: das Haar wachsen zu machen.
[3]) Eigentlich: Leinsamen (?), zerstossen 1 in Oel 1.
[4]) Aegyptisch: nȧask; cfr. Brugsch VI. S. 659; möglicherweise handelt es sich hier um area Celsi.
[5]) Cfr. Brugsch VI. S. 659.
[6]) Aegyptisch: maā-χeru.
[7]) Lüring S. 64 „Windhundpfoten“.

in einem Tiegel in Oel sorgfältig kochen und damit einreiben.

Ein andres:

Eine schwarze Eidechse, mischen Ringe (Krammen), Vulva, Phallus [1]), in Oel kochen und damit einreiben.

Ein andres das Haar gehörig zu conserviren:

Eselszahn in Honig mischen und einreiben.

Ein andres das Haar zu conserviren:

Schreibfarbe	1 [2])
Collyrium	1
χet'-Pflanze	1
Oel	1
Gazellenexcremente	1
Fett vom Nilpferd	1

in Eins machen und damit einreiben.

Ein andres zum Haarwuchs auf einer Wunde [3]): LXVII.

Wachholderbeere	1
Cyperus	1
Frucht vom àm-Baum	1
šaša-Stücke [4])	1
Dumpalmenfrucht	1
Oel	1
Honig	1

als Pflaster darauf legen.

Ein andres zum Haarwuchs:

Oel	1
sefet [5])-Oel	1

einreiben damit.

Ein andres Haar zu entfernen [6]):

ănărt-Wurm gekocht und erwärmt in Oel und Baumöl (?), auf den Kopf eines verhassten Weibes thun.

Ein andres:

---

[1]) Nicht recht verständlich!

[2]) Die Zahl 1 mit schwarzer Dinte; sonst werden die Zahlen im Papyrus mit rother Dinte geschrieben.

[3]) Aegyptisch: ubennu = Wunde oder wunde Stelle; vielleicht handelt es sich hier um Haarwuchs bei Eczema capitis (?)

[4]) Brugsch. Wört. VII. S. 1226 „Kuchen aus zusammengepressten Rosinen".

[5]) Ein heiliges Salböl.

[6]) Eigentlich: Kahlsein der Haare zu bewirken.

Hyoscyamus[1]) erwärmen, in Oel thun und auf den Kopf eines verhassten Weibes thun.

Es (das Haar) zu entfernen, sobald es sich zeigt: Schildkrötenschale erhitzen, zermahlen, in Fett von Nilpferdklauen thun und sehr oft damit einreiben.

Der Beginn von den Mitteln zur Heilung der Leber[2]):

Feigen	$^1/_8$
Sebesten	$^1/_8$
Weintrauben	$^1/_{16}$
Brodteig	$^1/_8$
Beere von der χasīt[3])-Pflanze	$^1/_{16}$
Kuchen	$^1/_{32}$
Weihrauch	$^1/_{64}$
Nasturtium	$^1/_{64}$
Wasser	$^5/_6$

feucht stehen lassen, durchseihen und 4 Tage lang einnehmen.

Ein andres:

Feigen	$^1/_8$
Weinbeeren	$^1/_8$
Wachholderbeere	$^1/_{16}$
åsu[4])-Pflanze	$^1/_{16}$
Weihrauch	$^1/_{64}$
Grüne Bleierde (?)	$^1/_{32}$
Wasser	$^1/_{32}$ ebenso.

Ein andres:

Lotusblüthen	$^1/_8$
Wein	1 denå
Pulver von Zizyphus Lotus[5])	$^1/_8$
Feigen	$^1/_8$
Milch	$^1/_{16}$
Beere vom uān-Baum	$^1/_{16}$
Weihrauch	$^1/_{64}$
Süsses Bier	1 denå

feucht stehen lassen, durchseihen und 4 Tage lang einnehmen.

Ein andres:

---

[1]) Aegyptisch: sepet-Pflanze; Brugsch: Blüthenblatt.
[2]) Aegyptisch: merest.
[3]) Brugsch VI. S. 896 „Mohnpflanze".
[4]) Brugsch V. S. 141 eine liebliche Pflanze.
[5]) Lüring S. 157.

Feigen	$^1/_8$
Sebesten	$^1/_8$
ânest-Korn	$^1/_4$
Brod von Zizyphus Lotus[1]	$^1/_8$
Zwiebeln (?)	$^1/_{32}$
Brodteig	$^1/_{16}$
Weintrauben	$^1/_8$
Nasturtium	$^1/_{64}$
Weihrauch	$^1/_{64}$
Süsses Bier	1 denà

feucht stehen lassen, durchseihen und 4 Tage lang einnehmen.

Ein andres:

Feigen	$^1/_8$
Brodteig	$^1/_8$
Beere vom uān-Baum	$^1/_{16}$
sa[2]-Korn von Oberägypten	$^1/_8$
Wasser	1 denà

feucht stehen lassen, durchseihen und 4 Tage lang einnehmen.

Der Beginn von den Mitteln gegen Brandwunde[3] den 1. Tag dagegen zu brauchen:

Schwarzen āmāt-Saft darauf thun.

Den zweiten Tag zu brauchen:

Ziegenexcremente verbrennen, zermahlen, zerreiben in entstehender (gährender) Hefe und darauf thun.

Den dritten Tag zu brauchen:

Dornen (?) von Acanthus getrocknet, sie zermahlen in gekochtem Durrakorn und Zwiebeln (?), in Oel thun und als Pflaster auflegen.

Den 4. Tag zu brauchen:

---

1) Lüring S. 157.

2) Ebers S. 69. „Natron oder Salpeter".

3) Aegyptisch: ubedet mit dem Determinativ der Flamme. Es ist zweifellos, dass es sich hier um Verbrennung handelt und nicht, wie Ebers und Stern meinten, um Krebs. Dagegen spricht erstens die Bedeutung des Wortes ubedet, das brennen, verbrennen bedeutet; zweitens das Determinativ der Flamme und drittens der Inhalt der Recepte und die Art ihrer Verabreichung. Ausserdem ist Carcinom der Haut, resp. carcinomatöse Geschwüre derselben doch verhältnismässig selten.

Wachs, gebratenes Kuhfett, Palmfasern[1]) in uāḥ[2])-Korn in Eins machen und als Pflaster auflegen.

Den 5. Tag zu brauchen:

Zwiebeln (?)	1
Mennige	1
Frucht vom åm-Baum	1

zermahlen, zerreiben in Kupferspähnen[3]), in Eins machen und als Pflaster (auf)legen.

Mittel zum Verband[4]) einer Brandwunde[5]):

LXVIII. uāḥ[2])-Korn kochen und als Pflaster auflegen.

Mittel gegen eine Brandwunde[5]):

uāḥ[2])-Korn	1
Durra	1
Cyperus vom bebauten Lande (e locis cultis)	1
Seesalz	1
Baumwolle	1
Palmfasern[1])	1
t'eḥā-Thier, gekocht	1
Rinderfett	1
Oel	1
Wachs	1

täglich auf die Brandwunde bringen, nachdem sie gekühlt worden ist.

Ein andres[6]) gegen Brandwunde[5]):

Wachholderbeere	1
Papyruspflanze	1

in Gummiwasser mischen und darauf thun.

Ein andres:

Kuchen	1
Katzenhaare	1

in Eins zermahlen und darauf thun.

Ein andres zur Heilung einer eiternden Brandwunde[7]) an jeder Körperstelle einer Person:

---

[1]) Lüring S. 34.
[2]) Wohl eine Getreideart (?).
[3]) Lüring S. 96 „Das Abgeriebene von Kupfer."
[4]) Wörtlich: die Brandwunde einzuwickeln.
[5]) Cfr. vor. Seite Anm. 3.
[6]) ket ist mit schwarzer Tinte geschrieben.
[7]) So übersetze ich ubennu n ubedet; eigentlich das Eitern der Brandwunde.

qebu[1])-Oel	1
Crocus	1
Fetter Saft vom Cederbaum	1
sefet[2])-Oel	1

zermahlen und als Pflaster auflegen.

Ein andres:

Wachholderbeere	1
Papyrus-Pflanze	1
Katzenexcremente	1

mischen, in Kuchenwasser bringen und darauf thun.

Ein andres:

Talg	1	
hetȧ-Pflanze	1	
Foenum graecum	1	
Harz von Acanthus	1	
Seezunge-Körner	1	
Rother[3])-Samen	1	
ȧbrȧ-Balsam[4])	1	ebenso[5]).

Ein andres:

Krokodil-Weihrauch	1
Fett von Ibex nubiana	1
Stein vom Ufer	1
Wachs	1
Zwiebel (?)	1
Oel	1
Seezunge-Körner	1
Rother[3])-Samen	1
Fetter Saft vom Cederbaum	1
Sycomore	1
ȧnest-Pflanze	1

zermahlen und zu einem Pflaster machen.

Ein andres gegen stinkenden Brand[6]):

Kupferspähne	1
Grünspan	1

---

[1]) Ebers S. 160 „Behenöl".
[2]) Ein heiliges Salböl.
[3]) Aegyptisch: dešer.
[4]) Ein feines Salböl.
[5]) Eigentlich: ist ebenso.
[6]) Aegyptisch: set ḥuaes = Gangrän, welche stinkt; set = Feuer, Flamme.

Schreibfarbe	1
Frischer Weihrauch	1
Kümmel	1
genti [1])-Samen	1
gesfen [2])-Korn	1
Wachs	1
Aloë	1
χesaīt [3])-Harz	1
Süsse Myrrhen	1
sefet [4])-Oel	1
Honig	1

zermahlen, zerreiben, in Eins machen und darauf als Pflaster legen.

Ein andres zu machen gegen eine Brandwunde [5]) den 1. Tag:

Honig als Pflaster auflegen.

Ein andres:

aqeḥ-Stein [6]), der Wasser annimmt, Fett, Baumöl (?) in Eins kochen und darauf thun.

Ein andres eine eiternde Brandwunde an jeder Körperstelle einer Person zu behandeln:

åat-Pflanze in Oel kochen, zermahlen und darauf thun.

Ein andres:

Stein von der Mündung [7]) des Wassers	1
ånest-Pflanze	1
åbu-Pflanze	1
Fett von Ibex nubiana	1

zermahlen und darauf thun.

Ein andres:

Gekochte ut'āīt-Frucht, darauf thun.

Ein andres gegen eine Brandwunde [5]) den 1. Tag:

Gekochtes uāḥ [8])-Korn	1
Gekochte Durra	1

---

[1]) Brugsch VII. S. 1269. „Cassia".
[2]) Lüring S. 91. „Kupfervitriol?"
[3]) Brugsch VI. S. 896. „Mohnpflanze".
[4]) Ein heiliges Salböl.
[5]) Aegyptisch: ubedet; cfr. S. 109. Anm. 3.
[6]) Also ein poröser Stein; nach Brugsch V. S. 21: ein Stein, mit dem man schneidet.
[7]) re = Mündung ist nachträglich eingeschoben; d. h. wohl Stein von der Flussmündung oder vom Strande.
[8]) Wohl eine Getreideart (?).

Gekochter Cyperus	1
Gekochte Baumwollenpflanze	1
Gekochte Palmfasern	1
Gekochtes deḥer-Thier	1
Rinderfett	1
Oel	1
Geschmolzenes Wachs in Fett	

LXIX.

in Eins machen und darauf thun.

Ein andres:

Wachholderbeeren	1
uāḥ[1])-Körner	1
Katzenexcremente	1

in Eins mischen in Kuchenwasser und darauf thun.

Ein andres. Beschwörung von Feuer[2]) zum 1. Mal:

„O Du Gottessohn, Horus! Es ist Feuer im Lande; mag nun Wasser dort sein oder nicht, das Wasser ist in Deinem Munde, der Nil ist in den Füssen, wenn Du kommst das Feuer zu löschen.“

Zu sprechen über Milch einer Frau, die einen Knaben geboren hat, Kuchen und Widderhaare; auf die Brandwunde thun.

Andre Beschwörung:

„O Sohn Horus! Es ist Feuer im Lande; nicht Wasser ist da, nicht Du bist da; bringe Wasser über die Ufer des Flusses, das Feuer zu löschen.“

Herzusagen über Milch einer Frau, die einen Knaben geboren hat.

Ein andres. Mittel gegen das Grauwerden[3]) der Brandwunde:

Mennige	1
zermahlen in Sycomorenmilch	1
Zwiebeln (?)	1
utīt von Zwiebeln (?)	1

zermahlen und als Pflaster darauf legen.

Brauch Du das Messer des Arztes:

Gestossener Halm	1
θeḥui-Beere	1

als Pflaster darauf legen.

---

[1]) Wohl eine Getreideart (?).

[2]) Soll wohl heissen von Brandwunde; den Recepten folgt also hier eine Beschwörung.

[3]) Unsicher!

Ein andres:

Crocus des Nordens 1 gestossen

als Pflaster[1]) darauf legen.

Ein andres:

Zerstossenes meneq[2])-Holz 1

Dornen[3]) (?) von der uam-Pflanze, zerstossen 1

in Eins machen und als Pflaster darauf legen.

Andre Mittel das Weisswerden der Brandwunde zu vertreiben:

kešu-Körner 1

Honig 1

Zwiebeln (?) 1.

mit dem Stachel zerstückeln[4]) und versenken in Mennige und Collyrium; zermahlen, zerreiben, in Sycomorenmilch mischen; damit viele Tage einsalben.

Ein andres:

Zwiebelpulver (?) 1

in Honig mischen und als Pflaster darauf legen.

Ein andres:

Glattes, leinenes Hemd in Oel zerstampfen und damit einsalben.

Ein andres:

Weihrauch 1

Honig 1

damit einsalben.

Ein andres:

Durrabrot in Oel und Salz, in Eins mischen und sehr oft als Pflaster auflegen, um ihn sogleich gesund zu machen. Es ist ganz wahr; ich habe (es) gesehn; es ist mir häufig vorgekommen.

Mittel die Striemen von Schlägen zu vertreiben:

Honig, Kuhhirn, Mauerlehm, Leinsamenwasser (?), Dattelsaft

kochen und als Pflaster auflegen.

Ein andres:

Staub[5]) von Alabaster

---

[1]) ut ist mit rother Dinte dazwischengeschrieben.
[2]) Brugsch VI. S. 611 „Holzstückchen vom Styrax-Baum."
[3]) Aegyptisch: ăgīt.
[4]) Brugsch Wört. VII. S. 1341 „zu zermalmen mit dem Reiber".
[5]) Lüring S. 101.

Staub von Statuen
Granit
Frische Milch

damit einsalben.

Ein andres:

Durramehl
Kuhmilch

damit sehr oft einsalben.

Ein andres:

Honig, hernach warm damit salben.

Ein andres:

Eine Prise ḥemit, getrocknet zermahlen, zerreiben und in einen Zuckerkuchen thun; dazu eine andre (Prise) in Honig aufweichen und von der Person zu essen.

Es beginnen die Mittel die Wunden[1]) zu heilen, die an dem Körper geschlagen sind: LXX.

Ein Stück Leinwand in Weihrauch und Honig befeuchten und 4 Tage auflegen.

Ein andres zum Verbinden von Wunden[1]):

Bohnen zermahlen, zerreiben[2]) und in ein Tuch aufbewahren, mischen in Oel, Honig und Baumwollencharpie, auf ihren (der Wunde) obern Theil 7 Tage lang (legen), um sie zu heilen.

Ein andres Blut aus Wunden[3]) auszuziehen:

Wachs	1
Fett	1
Baumöl (?)	1
Honig	1
Zwiebeln (?)	1
Durra, erwärmt	1

kochen, in Eins machen und 4 Tage als Pflaster auflegen.

Ein andres vom Ausfluss, der aufquillt:

Wachs	1
Oel	1
Fett	1

in Eins kochen, und als Pflaster auflegen.

---

[1]) Aegyptisch: ubennu = die eiternde, fliessende Wunde.
[2]) ān = zerreiben ist mit rother Tinte durchstrichen.
[3]) Wörtlich: Blut in der Oeffnung der Wunden.

Ein andres:

θeḥui-Beere	1	
(Essbares) ušā-Kraut	7	
Oel	1	
Honig	1	
sefet [1]-Oel	1	
Knoblauch-Kugeln	7	todt (verwelkt?)

zermahlen und als Pflaster auflegen.

Ein andres eine Wunde [2]) austrocknen:

Weihrauch	1
Zwiebeln (?)	1
Kuhfett	1

zermahlen und darauf thun.

Ein andres:

Teig	1
Weihrauch	1
neḥed [3]-Harz	1
Wespenexcremente	1
Mennige	1
Salz vom Norden	1
Wachs	1

zermahlen und darauf thun.

Mittel gegen eine Wunde den ersten Tag:

Kuhfett oder Kuhfleisch, um sie zu reifen [4]); wenn sie dann gut reif ist, umhülle sie in gesäuertem Durrabrod, damit sie darunter trockne; wieder umhülle sie in Fett, damit sie reife.

Wenn sie [5]) dann hart wird in ihrem Ausfluss, so umhülle sie in Fett von Ibex nubiana, sefet [6]-Oel und zermahlener θeḥui-Frucht.

Wenn du darunter drückst, und es ist hart, thu es in Mehl von frischem Elfenbein [7]). Nachher umhülle sie in

---

[1]) Ein heiliges Salböl.

[2]) Cfr. vor. Seite Anm. 1.

[3]) Ebers S. 144 „Zahnkörner?"; Lüring S. 108.

[4]) Wörtlich: in Verwesung zu bringen.

[5]) Eigentlich: der Aufluss von der Wunde.

[6]) Ein heiliges Salböl.

[7]) Papyrus Harris I. pl. XXXIII. v. 13 haben wir dasselbe Wort, von Birch āb gelesen und mit „steatite, or ivory" übersetzt. L.

Baumwollecharpie in ȧbeχet-Flüssigkeit. Nachher mach Du einen Verband mit einer Salbe, die die metu[1]) fester macht, als Pflaster darauf legen, um sie zu heilen. Wenn es nachher in seiner Ausfluss(wunde) hart geworden ist, so mach Du Fett von der t'as-Pflanze, als Pflaster darauflegen, um die Wunde[2]) zu öffnen, und sie reif zu machen.

Ein andres zum Wundverband:

Wachs	1
Coriander, getrocknet	

zermahlen, zerreiben und als Pflaster auflegen.

Ein andres:

Pulver von frischem Elfenbein[3]), in Honig mischen und als Pflaster auflegen.

Ein andres:

Fett von Ibex nubiana	1
Wachs	1
Zwiebeln (?)	1

mischen und als Pflaster auflegen.

Mittel[4]) für denjenigen, der Stiche in der Wunde hat:

Durramehl	1
Fett	1
Baumöl (?)	1

kochen und ihn es essen lassen, wenn er auch widerstrebt[5]).

Andre Mittel gegen bennut[6]) in der Wunde:

Harz von Acanthus 1 LXXI.

zermahlen, in Oel thun und auf die Wunde legen, um diese bennut zu entfernen.

Mittel[7]) gegen eine Wunde in der Mamma:

ušebet-Korn	1
Seesalz	1
Dickes Fett	1

auf die Mamma thun, als Pflaster darauf legen.

Mittel[7]) gegen eine Wunde am Halse (Nacken):

---

[1]) Muskeln, Gefässe, Nerven, Sehnen.
[2]) Wörtlich: um ihre Oeffnung zu öffnen.
[3]) Cfr. vor. Seite Anm. 7.
[4]) Wörtlich: was für denjenigen zu machen ist, der.
[5]) Lüring S. 35: „lass es geniessen den, der (dich) hasst".
[6]) Blasen (?), Pusteln; Stamm: rund, kugelig sein.
[7]) Wörtlich: was zu machen ist.

Myrrhe	1
Pulver von der Baumwollenpflanze	

in Eins machen und als Pflaster auflegen.

Alle Arten Uebles zu heilen, die eine Person an was auch immer für einen Ausfluss[1]) haben kann:

Seesalz	1
Lactuca	1

in Oel zermahlen und als Pflaster auflegen.

Ein andres Ausflüsse[1]) aller Art zu heilen:

Abfall von Durra in Fett vom Nilpferd oder Schwein zermahlen und als Pflaster auflegen.

Ein andres:

Gekochte Durra	1
Zwiebeln (?)	1
Weihrauch	1
Oel	1

in Eins machen und als Pflaster auflegen.

Ein andres das Fleisch zum Wachsen zu bringen:

Collyrium	1
Kuhfett	1
Grünspanspähne	1
Honig	1

in Eins zermahlen und als Pflaster auflegen.

Ein andres:

Zwiebeln (?)	1
Bohnen	1
Samen von der šeps[2])-Pflanze	1
Oel	1
Honig	1

in Eins zermahlen und als Pflaster auflegen.

Ein andres:

Zweige vom åm-Baum	1
Harz von Acanthus	1
Aloë	1
Beeren vom ānennu-Baum	1
åneb-Pflanze	1
Zwiebeln (?)	1

---

[1]) Aegyptisch: setu.
[2]) Brugsch. Wört. VII. S. 1180 „Edelkraut".

sefet[1]-Oel 1
Wachs

kochen und auf die Oeffnung der Wunde legen.

Alle Arten Böses zu heilen, die eine Person in was auch immer für einer Wunde haben kann:

Brod von Zizyphus Lotus[2]) in Wasser kochen, gelinde aufwärmen und als Pflaster auflegen.

Ein andres ašit[3]) zu vertreiben:

Zwiebeln (?)
Seesalz

in Urin kochen und darauf thun.

Ein andres:

Teig	1
Natron	1
Harz von Acanthus	1

zermahlen und als Pflaster auflegen.

Ein andres äagit[4]) (Krallen) in der Oeffnung einer Wunde zu vertreiben:

Straussenei	1
Schildkrötenschale gebrannt	1
Krallen (Dornen ?) vom åm-Baum	1

damit salben.

Ein andres jede Wunde zu heilen:

Gazellenfett	1
Wachs	1
Teig des Geruches	1
Aloë	1
Frisches Baumöl (?)	1

in Eins machen und auf die Wunde thun, um sie zu heilen.

Ein andres eine Wunde zu verbinden:

Menschenexcremente, zermahlen in Hefe von süssem Bier, sefet[1])-Oel und Honig und als Pflaster auflegen.

Ein andres eine Wunde zu lindern[5]):

ånt-Fisch	
temt-Fisch	1
Zwiebeln (?)	1

---

[1]) Ein heiliges Salböl.
[2]) Lüring S. 157.
[3]) Sterns Glossar. S. 1. „morbus leprosus?"
[4]) Lüring. S. 35. „caro luxurians, Granulationen".
[5]) Wörtlich: angenehm zu machen.

Wachs 1
Krokodilerde[1] 1
Honig 1

zermahlen, zerreiben, in Eins machen und als Pflaster auflegen.

Der Beginn von Mitteln akut[2] zu vertreiben:

LXXII. Palmwein 1
bedet[3]-Salz
ḥautet-Harz 1
Kuchen 1
Honig 1

darauf thun.

Ein andres:

teun-Pflanze 1
Honig 1
Harz von Acanthus 1
Zwiebeln (?) 1
sefet[4]-Oel 1

darauf thun.

Ein andres:

Granit, zermahlen, zerreiben in Myrrhen und darauf thun.

Ein andres Pusteln[5] auf jedem Glied der Person zu vertreiben:

Fett vom Cederbaum 1
sefet[4]-Oel 1
Harz von der χesaït[6]-Pflanze 1
Seezunge-Körner 1
Grüne Bleierde (?) 1
Kochendes Wasser 1

zermahlen, zerreiben, in Eins mischen und damit salben.

Ein andres:

Seesalz 1
Frische Milch 1
Rothes Natron 1
Oel 1

damit oftmals salben.

---

[1]) Ebers S. 136 „Nilschlamm?"
[2]) Sterns Glossar. S. 1. „scabies, impetigo".
[3]) Brugsch. Wört. V. S. 462. „eine besonders reine Natronart".
[4]) Ein heiliges Salböl.
[5]) Aegyptisch: qaqaut; Pocken (?).
[6]) Brugsch. Wört. VI. S. 896. „Mohnpflanze".

Pusteln (qaqaut) zu vertreiben:
t'aā-Körner in Schaum von Bier kochen und 4 Tage essen.

Ein andres:

Kochendes (Wasser)[1]	1
Rothe Körner[2])	1
Seezunge-Körner	1
šefšeft-Körner	1
Wasser	

damit salben.

Ein andres:

Seesalz	1
Frische Milch	1
Rothes Natron	1
Oel	1

damit oftmals salben.

Anfang von Mitteln um bennut-Blasen im Fleisch in allen Gliedern einer Person zu vertreiben:

Mehl von pesen-Brod (?)	1
Seesalz	1
Honig	1

damit oftmals salben.

Ein andres:

Kräuter des Feldes	$^1/_8$
Honig	$^1/_8$
Wein	$^1/_3$

zermahlen, zerreiben und trinken.

Ein andres zum Vertreiben der Stiche[3]) der bennut-Blasen im Zahn:

šeps[4])-Körner	1
Teig	1
Honig	1
Oel	1

als Pflaster darauf legen.

bennut-Blasen im Zahn zu vertreiben und das Fleisch wachsen zu lassen:

---

[1]) Hier ist wohl aus Versehn des Schreibers „Wasser" ausgelassen; oben Zeile 5 ist „Wasser", wie man deutlich sehn kann, erst nachträglich eingeschoben.

[2]) Wohl Natron.

[3]) Eigentlich: des Hämmerns, Stampfens.

[4]) Brugsch. Wört. VII. S. 1180. „Edelkraut".

besbes [1])-Körner	1
Brodteig	1
ȧnest-Pflanze	1
Honig	1
Weihrauch	1
Wasser	1

feucht stehen lassen und kauen.

Ein andres:

ϑām-Pflanze	1
ȧnest-Pflanze	1
Weihrauch	1
āmāā-Pflanze	1
nuan-Pflanze	1
Crocus	1
Aloëholz	1
ȧnnek-Pflanze	1
Cyperus	1
Zwiebeln (?)	1
Wasser	ebenso.

Der Beginn vom Vertreiben der Schörfe [2]) und vom Stillen des Juckens [3]) in jedem Glied einer Person:

Durragrütze	1
šeneft [4])-Körner	1

in frischer Milch mischen und als Pflaster auflegen.

Ein andres um die Unreinigkeiten auszuziehen:

ȧpešnen-Körner	1
Natron	1
Thorlehm	1
LXXIII. Zwiebeln (?)	1
Weihrauch	1
Dattelabfall	1

in Eins machen und als Pflaster auflegen.

Ein andres:

Weihrauch	1
Collyrium	1
Schreibfarbe	1

---

[1]) Brugsch. Zeitschr. f. ägypt. Spr. 1881. S. 33. „Fenchel".
[2]) Aegypt.: šefut.
[3]) Aegypt.: ušāu.
[4]) Gehört zu den als Opfer dargebrachten Körnern.

gentet-Pflanze	1
Honig	1

in Eins machen und als Pflaster auflegen[1]).

Ein andres:

penes-Brod-Krümchen 1, in Wasser thun, zu einem Pflaster[2]) machen, Zwiebeln (?), zermahlen, in einem Tuch aufbewahren, in Eins kochen, zu einem Brei machen und als Pflaster auflegen.

Ein andres:

Weisses Weizenkorn, rösten, zermalmen, in einem Linnen aufbewahren, in frische Milch thun, zu einem Brei machen, in Oel gemischt, als Pflaster auflegen.

Ein andres. Mittel für Füsse, die an Schörfen krank sind:

Rothes Natron 1, mit entstehendem Dattelsaft mischen und als Pflaster auflegen.

Ein andres für den Schenkel:

Bohnenmehl	1
Mehl von pesen-Brod (?)	1
Seesalz	1
Menschenurin	

in Eins kochen, und als Pflaster auflegen.

Ein andres Schörfe zu vertreiben und Jucken in jedem Glied zu stillen:

Cyperus	1
Zwiebeln (?)	1
Lebende Datteln	1
Natron	1
Seesalz	1
Saure Milch	1
šeneft[3])-Körner	1
Kümmel	1

kochen und damit salben.

Ein andres:

Kohlen	1
Dattelsaft	1
Seesalz	1

---

[1]) Diese Vorschrift ist, wie man deutlich sieht, erst nachträglich hinzugefügt; sie ist nicht wie gewöhnlich fortlaufend geschrieben, sondern vertical am Rande nachgetragen.

[2]) Die Uebersetzung ist unsicher!

[3]) Gehört zu den als Opfer dargebrachten Körnern.

Bierhefe	1
Weihrauch	1
Myrrhen	1

kochen und als Pflaster auflegen.

Ein andres Schörfe in jedem Glied zu vertreiben. Mach Du ihm Mittel, welche Wasser in den Schörfen ausziehen:

Mehl von frischer Durra	1
Cyperus des Sumpfes (e palustribus)	1
Cyperus des Ackers (e locis cultis)	1
Cyperusknollen	1
Collyrium	1
Mehl von qaat-Körnern	1
in frischem Oel	
Baumwollencharpie	1
tīt-Körner	1
Weihrauch	1
Gänseöl	1
Männlicher Samen	1
bȧa-Flüssigkeit	1
utīt-Körner	1
Mehl von gekochten net'ḥāt'eḥāt-Beeren	1
Rothes Korn	1

als Pflaster auflegen.

Ein andres:

Mehl von uab-Pflanze	1
Trauben	1
šenāu[1])-Pflanze	1

zerstossen in

Frischer Milch	1
Grünes Rohr	1

in Nilwasser zerstossen und als Pflaster auflegen.

Ein andres:

Seesalz	1
Mehl von pesen-Brod (?)	1
Natron	1
Brodteig	1

als Pflaster auflegen, um das hervortretende Wasser (in der Wunde) zu vertreiben.

---

[1]) Lüring S. 143. „Carthamus lanatus. L."

Ein andres:

Mehl von Weizenkorn	1
Das Fette von dem deḥer-Thier	1
Lehm von der LXXIV. Mauer	1
šebeb[1])-Pflanze	1

LXXIV.

in Hefe von süssem Bier durchseihen und als Pflaster auf die Schörfe auflegen.

Ein andres:

Grüne ḥemu-Pflanze kochen in mesta-Getränk 1 ḥuru-Körner in Menschenmilch, auf die Oeffnung des Geschwürs thun, damit es (das Pflaster) von selbst abfällt.

Ein andres:

Wespenkoth in Milch von der Sycomore auf die Oeffnung des Geschwürs thun, damit es von selbst abfällt.

Ein andres:

åm (?) von Teig	1 in
Eselsmilch	1

auf die Oeffnung des Geschwürs thun, damit es von selbst abfällt.

Nachdem es abgefallen ist, thu darauf

χert (Baumfibern ?), dazusetzen
viel Oel

šeneft[2])-Körner	1
Natron	1
Seesalz	1
Thorlehm	1
Weihrauch	1
Zwiebeln (?)	1
Dattelabfall	1

zermahlen in von selbst entstehendem Dattelsaft und als Pflaster auflegen.

Ein andres:

Dumpalmenfrucht	1
Frische Milch	1
Weizenkorn	1
qaa-Körner	1
Wespenexcremente	1

in frischer Milch mischen und als Pflaster auflegen.

Ein andres:

---

[1]) Brugsch. Wört. VII. S. 1174. „Festuca".
[2]) Gehört zu den als Opfer dargebrachten Körnern.

Schreiberkoth tüchtig in frischer Milch mischen und als Pflaster auflegen.

Ein andres:

Cederholz, in frischer Milch reiben zusammen mit dem, was unten[1]) ist auf einem neuen hennu-Gefäss, Eins zu Eins mischen[2]) und als Pflaster auflegen.

Ein andres:

Die Spitze vom Cederbaum mischen in Milch von einer Frau, die einen Knaben geboren hat und als Pflaster auflegen.

Ein andres:

äpnent-Würmer	7
Wespen	7
åku-Thiere	7 der Erde

Mehl der Alraune von Elephantine

in Oel kochen und auf das Geschwür der Schörfe als Pflaster legen.

Ein andres:

Mehl von Kräutern des Ackers	1
Mehl von der Absynthpflanze	1
Mehl von grünem Sebestenbaum	1

kochen in sušet-Wasser und frischer Milch und als Pflaster auflegen.

Ein andres:

Ein Stück Blei	1
Katzenkoth	1
Hundekoth	1

als Pflaster auf die Schörfe legen.

Ein andres:

Durramehl in mesta-Getränk mischen, kochen und als Pflaster auflegen.

Ein andres:

ää̈u von šamu-Oel	1
Schweinezahn	
Katzenkoth	1
Hundekoth	1
Beeren von der χet'-Pflanze	1

zerstossen und als Pflaster auflegen.

Ein andres:

t'ät-Oel	1

[1]) ui ist hier — wohl aus Versehen — einmal zuviel gesetzt.

[2]) Soll wohl heissen: durcheinandermischen.

Seesalz 1
Honig 1

kochen und als Pflaster auflegen.

Ein andres: LXXV.

deben-Körner zermahlen in Kuchenwasser 1
Beere von der Sycomore 1
Beere von Zizyphus Lotus 1
Beere von der Weide 1
Dumpalmenfrucht 1

in Eins machen und als Pflaster auflegen.

Ein andres zu kühlen und Schörfe zu vertreiben:

šaša[1])-Stücke 1
Honig 1

in Eins machen und 4 Tage als Pflaster auflegen.

Ein andres Schörfe und Verhärtungen[2]) in allen Gliedern einer Person zu vertreiben:

Stücke von Excrementen
Katzenkoth
Hundekoth
Beeren von der χet'-Pflanze

als Pflaster auflegen; es vertreibt die Schörfe.

Schörfe im Leib zu vertreiben:

Frauenmilch $^1/_3$ denà
Beere vom uān-Baum $^1/_{16}$
ketket-Pflanze $^1/_3$

in Eins zerstossen, durchseihen und 4 Tage einnehmen.

Ein andres:

Seesalz $^1/_3$
Bier $^1/_3$ ebenso.

Ein andres:

Weizen $^1/_3$
Honig $^1/_8$
Winde (Pflanze) $^1/_{32}$
t'aàs-Pflanze $^1/_{32}$

kochen, durchseihen und 4 Tage einnehmen.

Ein andres die Dinge (Schörfe) von selbst abfallen zu lassen:

---

[1]) Brugsch. Wört. VII. S. 1226. „Kuchen aus zusammengepressten Rosinen".

[2]) Aegyptisch: nehept; Brugsch. Wört. VI. S. 686, „um zu beseitigen die beginnenden Schmerzen etc."

Ɵeḥui-Beere	1
Natron	1
Seesalz	1
Grüne Bleierde (?)	1
Oel	1

in Eins machen und 4 Tage als Pflaster auflegen.

Ein andres das Jucken zu stillen:

Cyperus von der Wiese (?)	1
Zwiebelmehl (?)	1
Weihrauch	1
Roher Dattelsaft	

in Eins machen und auf die Stelle der Schörfe thun. Sieh Du nach; denn dies ist das wahre Mittel. Es ist gefunden unter den erprobten (Mitteln) im Tempel des Gottes unnefer[1]). Es ist ein Mittel, das Schörfe an jedem Glied einer Person vertreibt; ja sie heilen sogleich; sieh Du nach.

Schörfe zu vertreiben, dass sie absolut verschwinden[2]):

Ein hennu[3])-Gefäss Durra, zerstossen und zermahlen,

āmāā-Körner	
Rothes Natron	1
Absynth	

in Eins machen und als Pflaster auflegen.

Ein andres Schörfe zu vertreiben und Jucken im Schenkel zu stillen:

Zwiebeln (?)	1
Getrocknete (?) Bohnen	1
Rothes Natron	1
Seesalz	1
Saure Milch	1

als Pflaster auf den Schenkel legen, um ihn sogleich zu heilen[4]).

Anfang der Mittel für das Blutfressen und Jucken zu stillen:

Wachholderbeeren	1
ȧnun-Pflanze	1
Leinsamen (?)	1

---

[1]) Osiris.
[2]) Eigentlich: dass sie überhaupt nicht mehr da sind.
[3]) hennu = 0,456 Liter.
[4]) Hier ist im Papyrus eine Lücke von einer halben Zeile.

sebtetīt-Pflanze	1
Absynth	1
Natron	1
āmāā-Pflanze	1
Zerriebener Mannssamen [1]	1
Hefe von Wein	1
Roher Dattelsaft	1

kochen in Eins, nachher aufwärmen und als Pflaster auflegen. LXXVI.

Ein andres um Blutsäckchen [2] in seinem Entstehn zu vertreiben:

Absynth	$^1/_8$
Sebesten	$^1/_{32}$
Wachholderbeeren	$^1/_8$
šaša [3]-Stücke	$^1/_{64}$
Oel	$^1/_{16}$

in Bier von mehreren Ingredienzien kochen und einen Tag trinken.

Ein andres:

Fett	1
Weihrauch	1
Cyperus der Wiese	1
Cyperus des Sumpfes	1
Cederspähne	1
nennudu-šepsu [4]-Oel	1
Trockene Myrrhen	1
āāaget-Oel	1
Crocus	1

ins Eins zermahlen und als Pflaster auflegen.

Ein andres Eiter auszuziehen [5]:

Dattelmehl, geröstet	1
Mehl von Weizenspreu	1
Natron	1
qatšut [6]-Körner	1

erwärmt als Pflaster auflegen.

---

[1] Cfr. Ebers S. 97.
[2] Wörtlich: Nest von Blut; vermuthlich Furunkel.
[3] Brugsch. Wört. VII. S. 1226. „Kuchen aus zusammengepressten Rosinen".
[4] Brugsch. Wört. VI. S. 682, „wahrscheinlich sorbillum".
[5] Lüring. S. 36. „Ein anderes, welches herbeibringt die Unreinlichkeiten".
[6] Lüring S. 36 „Endivia."

Ein andres[1]) um (Böses am) Hals zu vertreiben:

Eine gespaltene Fledermaus als Pflaster auflegen, um ihn sogleich zu heilen.

Ein andres Blut um den Knöchel zu vertreiben:

Roher šebt-Weihrauch
Saure Milch

kochen, in ihre Theile trennen[2]), in zwei Kugeln machen, die hervortretende und die fallende[3]), in Oel und Baumöl (?) zerreiben und als Pflaster auflegen.

Ein andres Krankheiten, die im Innern des Fleisches sind, zu vertreiben:

šātet-Kuchen, die in das mesta-Getränk (?) geschüttet sind, sobald sie vom Feuer gekommen, als Pflaster auf alles Ueble legen.

Ein andres:

šātet-Kuchen, gemischt und erwärmt in Oel und Seesalz, als Pflaster auflegen auf allerlei Wunden und alles Ueble.

Ein andres:

šens-Brod in Seesalz mischen und als Pflaster auf alles Ueble legen.

Ein andres Krankheiten in allen Gliedern einer Person zu vertreiben:

Beeren vom deqam[4])-baum, zerstossen, in Honig thun und als Pflaster auflegen.

Ein andres für den kranken Knöchel:

Ein ḫunnu-Gefäss mit Wein und Wasser	1
Seesalz	1
Kuhfett	1

in Eins kochen, mischen und als Pflaster auflegen.

Anfang der Mittel den Schenkel geschmeidig zu machen:

Cyperus	1
Fettes Fleisch	1

---

[1]) nt ist mit schwarzer Dinte dazwischengeschrieben.

[2]) Die saure Milch trennt sich durch Kochen in Käse und Molke; Stern übersetzt: kochen in omnes cibos. L.

[3]) Indem die Molke steigt und der Käse sinkt. Die Stelle ist übrigens schwierig und die Erklärung zweifelhaft. L.

[4]) Olivenbaum nach Brugsch; vielleicht Ricinusstrauch (?).

Weizenmehl 1
Honig 1

in Eins zermahlen und als Pflaster auf den Schenkel legen.

Ein andres für ein gequetschtes Bein:

Gehackte Spreu, in Wasser erweichen und als Pflaster darauf legen, um ihn sogleich zu heilen. Es ist auch zu bereiten für jedes beliebige Glied[1]). LXXVII.

Ein andres um Krankheiten im Bein zu vertreiben:

Mehl von qat-Körnern 1
t'as-Pflanze 1

zerstossen in süssem Bier, kochen und als Pflaster auflegen.

Ein andres:

Heuschrecken[2]), in einem Steinmörser zerstossen mit allen Dingen, die dazu gehören[3]) und als Pflaster auflegen.

Ein andres Mattigkeit[4]) (in den Beinen) zu vertreiben:

šeset-Pflanze 1
θeḥui-Beeren 1
Mehl von pesen (?)-Brod 1

in rohen Dattelsaft schütten und als Pflaster auf die Füsse legen.

Ein andres den Schenkel geschmeidig zu machen:

sesqa-Körner 1
Roher Dattelsaft 1
θeḥua-Beeren 1
Seesalz 1
Kuhfett 1
Kuhtalg 1
Kuhfleisch 1
Kuhmilz 1
Hefe von süssem Bier 1
Honig 1
Lactuca 1
χet'-Pflanze 1

in Eins zusammenschliessen und als Pflaster auflegen.

Ein andres Krankheiten im Schenkel zu behandeln:

---

[1]) Wörtlich: für jedes Glied, das Du willst.
[2]) Ebers S. 21.
[3]) Butter, Spezereien etc. L.
[4]) Aegyptisch: gab = Mattigkeit, Schwäche; cfr. Lüring S. 37.

Dickes t'āt-Oel	1
Mehl von pesen (?)-Brod	1
Seesalz	1
Rothes Natron	1
t'as-Pflanze	1
ȧagut-Körner	1
Héfe von süssem Bier	1
Lactuca	1

in Eins kochen und als Pflaster auflegen.

Ein andres den Schenkel geschmeidig zu machen:

Oel	1
Honig	1
peneŝt-Körner	1
Beere von χasīt[1])-Pflanze	1
ϑeḥui-Beeren	1
Beere von Crocus	1
Beere von ŝames-Pflanze	1

zermahlen und als Pflaster auflegen.

Ein andres den Fussschweiss bei einer Person zu vertreiben:

uadu-Pflanze des Feldes
Aal des Kanals

in Oel aufwärmen und damit die beiden Füsse bestreichen.

Mittel für den kranken Fuss:

ŝaŝa[2])-Stücke

zermahlen, zerreiben, in mesta-Wasser (?) schütten und als Pflaster auflegen, um ihn zu heilen.

Ein andres die kranken Zehen zu heilen:

Fett	1
Honig	1
Weihrauch	1
Grünspansalbe	1
Trockene Myrrhen	1

kochen und als Pflaster auflegen.

Ein andres:

besbes[3])-Körner	1
Harz von Acanthus	1

---

[1]) Brugsch. Wört. VI. S. 896. „Mohnpflanze“.

[2]) Brugsch. Wört. VII. S. 1226. „Kuchen aus zusammengepressten Rosinen“.

[3]) Brugsch. Zeitschr. f. ägypt. Spr. 1881. S. 33. „Fenchel“.

Harz vom mafet-Baum	1
χesaït[1])-Pflanze	1
Wachs	1
Teig von Acanthus	1
Weihrauch	1
Frisches Baumöl (?)	1
χesaït[1])-Körner	1
Aloë-Körner	1
Cyperus	1
Das Fette[2]) vom Cederbaum	1
Das Fette[2]) vom uān-Baum	1
Wasser vom Regen des Himmels	
Trockene Myrrhen	1
Absynth	1 LXXVIII.
Beeren vom uān-Baum	1
Wachholderbeeren	1

zermahlen, zerreiben und auf die Zehen 4 Tage lang als Pflaster legen.

Ein andres Hühneraugen[3]) an den Füssen zu vertreiben:

Wachholderbeeren	1
θeḥui-Beeren	1
Beeren von der šames-Pflanze	1
Kuhfett	1

kochen und 4 Tage als Pflaster auflegen[4]).

Anfang der Mittel für den kranken Rücken oder das Rückgrat[5]) (?), nachdem Du ihm die Mittel der Kühlung gemacht hast:

Harz von Acanthus	$^1/_4$
Harz von Zizyphus Lotus	$^1/_4$
Grüne Bleierde (?)	$^1/_{32}$
Grünspanpulver	$^1/_{32}$
Das Innere von der ut'āït-Frucht	$^1/_8$

zermahlen und damit bepflastern.

---

[1]) Cfr. vor. Seite Anm. 1.

[2]) Wir haben wahrscheinlich hier das ägyptische Wort ād = adeps; Fett von Bäumen ist wohl = Harz oder Gummi. L.

[3]) Aegyptisch: āb d. h.: das Horn. L.

[4]) Hier ist im Papyrus eine Lücke von einer halben Zeile.

[5]) Lüring S. 63. „Schienbein und Wade, Knie“.

Wenn Du den Rücken oder das Rückgrat[1]) (?) krank findest, Wasser rollt hinter ihnen (?), übel ist ihr Geruch, sie bringen den sa[2])-Wurm hervor, so sag Du dazu: „er ist krank, ich werde (ihn) behandeln"; mach Du ihm die Mittel, den sep[2])-Wurm zu tödten:

sa[3])-Korn des Südens	$^1/_{32}$
sa[3])-Korn des Nordens	$^1/_{32}$
sefet[4])-Oel	$^1/_8$

zermahlen und als Pflaster legen[5]).

Ein andres für nent des Rückgrates (?)[6]):

Honig	$^1/_4$
Grüne Bleierde (?)	$^1/_{64}$
Sesam	$^1/_{32}$
Knoblauch	$^1/_{32}$
åbu-Pflanze	$^1/_{32}$

ebenso und als Pflaster legen[5]).

Ein andres:

Honig	$^1/_8$
Grüne Bleierde (?)	$^1/_{64}$
Oel	$^1/_{32}$ ebenso.

Ein andres das kranke Rückgrat[1]) (?) zu heilen:

Grüne Bleierde (?)	1
Natron	1
Bleivitriol (?)	1
Mennige	1
Eine Flasche von he-Platz-Körnern	1
Rothe Körner	1
nesϑı-Korn	1

kochen, in eine Kugel machen. Nachdem Du diese Kugel bereitet hast, mach Du eine Salbe (bestehend) aus Talg, Fett, Honig und Oel; in Eins zermahlen und darauf thun.

Ein andres. Mittel für das Rückgrat[1]) (?):

Mennige	1

---

[1]) Lüring S. 63 „Schienbein und Wade".
[2]) Lüring S. 37. „Filaria medinensis"; cfr. Hartmann „Naturgeschichtlich-medicinische Skizze der Nilländer". S. 402.
[3]) Lüring S. 99. „Natron".
[4]) Ein heiliges Salböl.
[5]) Wörtlich: damit bepflastern.
[6]) Lüring S. 37 „Winkel des Schienbeins, Knie".

Scherben von einem neuen hennu-Gefäss	1
Roher Honig	1

als Pflaster legen[1]).

Ein andres nent[2]) zu heilen, die zur Erde fällt; mach Du ihm:

Natron	1
Weihrauch	1
Oel	1
Grüne Bleierde (?)	1

und dazu fügen Natron.

Ein andres das Zittern[3]) in den Fingern zu vertreiben:

Beere von der teunen-Pflanze	
Kuhfett	1
sesqa-Körner	1
Milch	1
Seesalz	1
Sycomore	1

kochen, in Eins machen und als Pflaster legen[1]).

Ein andres:

Weihrauch	1	
Kümmel	1	
Wachs	1	LXXIX.
Mennige	1	
netr-tīt[4])-Körner	1	
Honig	1	
Feigen	1	
Grüne Bleierde (?)	1	

in Eins kochen und als Pflaster legen[1]).

Ein andres Zittern in allen Gliedern einer Person zu vertreiben:

Dumpalmenfrucht	1
Knoblauch	1
Honig	1
Kupfer-Grünspan	1

---

1) Cfr. vor. Seite Anm. 5.
2) Cfr. vor. Seite Anm. 6.
3) Lüring S. 38 „Chiragra“.
4) Brugsch. Wört. VII. S. 1311 „Gotteskoth“.

die Haut[1]) eines Hundes (Hundefell) auf ihn thun; drück nicht die Hand auf ihn.

Ein andres:

Dumpalmenfrucht	1
Zwiebeln (?)	1
Grünspan	1

kochen, darauf legen, drück Du nicht die Hand auf ihn.

Anfang der Salben die metu[2]) fest zu machen; Mittel die metu[2]) zu stärken[3]):

Katzenöl	1
Fauliges Holz[4]) (?)	1
Dornen (?) des åqru-Baumes	1

in Eins machen und damit salben.

Ein andres:

Beeren von Coriander	1
Leder des Schuhmachers[5])	1
sesqa-Körner	1

in Eins zermahlen und damit salben.

Ein andres:

Wurmöl damit salben.

Ein andres um gegen alles zu schützen (?):

Kuchen von Durrabrod	1
θeḥui-Beeren	1
t'as-Pflanze	1

als Pflaster legen (damit bepflastern).

Ein andres den met[2]) in der linken Hälfte zu behandeln:

Feigen	1/8
Sebesten	1/8
Trauben	1/8
åsu-Pflanze[6]) (?)	1/32
Wein	1/3
ånest-Pflanze	1/8
Beeren vom uān-Baum	1/32

---

[1]) Aegyptisch: ša; die Bedeutung ist zweifelhaft.

[2]) Das Wort met, Plural metu bezeichnet „die Gänge, Muskeln, Nerven, Adern“.

[3]) Wörtlich: süss, angenehm machen.

[4]) Lüring S. 109 „Bohrmehl?“; Ebers S. 128 „arab. Holzpulver?“

[5]) Wörtlich: des Sandalenmachers.

[6]) Brugsch. Wört. V. S. 141 „eine liebliche Pflanze“.

šut-Pflanze des Südens	$^1/_{32}$
Weihrauch	$^1/_{64}$
Kümmel	$^1/_{64}$
Zwiebeln (?)	$^1/_{64}$
Grüne Bleierde(?)	$^1/_{32}$
Brod von Zizyphus Lotus	$^1/_8$
Blüthen von Cucumis melo	$^1/_8$
Süsses Bier	1 denȧ

feucht stellen, durchseihen, 4 Tage einnehmen.

Andre Mittel für die linke Hälfte:

Feigen	$^1/_8$
Sebesten	$^1/_8$
Weinbeeren	$^1/_8$
Zwiebeln (?)	$^1/_{32}$
ȧnest-Pflanze	$^1/_8$
Grüne Bleierde (?)	$^1/_{32}$
Teig	$^1/_{32}$
Nasturtium	$^1/_{64}$
Weihrauch	$^1/_{64}$
Kümmel	$^1/_{64}$
Brodteig	$^1/_8$
Wein	$^1/_3$
seχept-Saft	$^1/_3$
sert-Saft	$^1/_3$

feucht stellen, durchseihen und 4 Tage einnehmen.

Ein andres:

Feigen	$^1/_8$
Sebesten	$^1/_{64}$
Trauben	$^5/_6$
ȧnest-Pflanze	$^5/_6$
Zwiebeln (?)	$^1/_8$
Teig	$^1/_{32}$
Grüne Bleierde (?)	$^1/_{32}$
Wasser	1 denȧ

feucht stellen, 4 Tage einnehmen.

Ein andres den met[1]) des Schenkels geschmeidig zu machen:

Seesalz	1
neḥedet[2])-Körner	1

---

1) Cfr. vor. Seite Anm. 2.

2) Ebers. S. 69. „Zahnkrautkörner“.

Fett von Ibex nubiana	1
Honig	1
Weihrauch	1
Crocus	1
ḥunta-Körner	1
Galmei	1
Knoblauch	1
Kupferfeilspähne[1])	1
Ziegenfett	1
Kümmel	1
Oel	1
Natron	1

zermahlen und damit bepflastern.

LXXX. Ein andres um zu reizen[2]) LXXX. und zu stärken: die metu[3]) in jedem Glied:

Fleisch von einer fetten Kuh damit die kranken Stellen bepflastern (auf die kranken Stellen als Pflaster legen).

Ein andres; Gesundheitssalbe[4]) für die Knochen in jedem Glied einer Person, der Wahrheit gemäss:

Natron	1
uašebt-Körner	1
Fett	1
Schwarzer Messerstein	1
Honig	1

in Eins machen und als Pflaster legen (damit bepflastern).

Salbe alles Mögliche geschmeidig zu machen[5]):

Teig	1
pereš-Körner	1
Myrrhen	1
Grüne Bleierde (?)	1
Kuhfett	1
Wachs	1
metu[6])	

kochen und als Pflaster legen (damit bepflastern).

---

[1]) „Kupferrost". Zeitschr. für ägypt. Sprache und Alterthumskunde 1881. S. 26.

[2]) Eigentlich: Stechen.

[3]) Cfr. S. 136. Anm. 2.

[4]) Eigentlich: Salbe gesund zu machen etc.

[5]) Oder: „Salbe für jedwede Schwäche." L.

[6]) Ist nicht recht verständlich; es scheint etwas weggelassen zu sein.

Ein andres:

Schreibfarbe	1
χent[1])-Körner	1
Kupferfeilspähne[2])	1
Weihrauch	1
Honig	1
Natron	1
Seesalz	1
Mennige	1
Fett von Ibex nubiana	1

in Eins machen und 4 Tage als Pflaster legen (damit bepflastern).

Ein andres:

Fleisch vom när[3])-Fisch	1
Hefe von süssem Bier	1
Cyperus	1
Honig	1

4 Tage als Pflaster legen (damit bepflastern).

Ein andres:

ušebt-Körner	1
pereš-Körner	1
Kupferfeilspähne[2])	1
Hefe von seter[4])-Trank	1
Natron	1
Fett von Ibex nubiana	1
Lactuca	1
Eselskoth	1
Lebende tepau-Frucht[5])	1
sesqa-Körner	1
teun-Pflanze	1
Dumpalmenfrucht	1
Zwiebeln (?)	1
Bohnen	1
Weisses Oel	1

---

[1]) Nach Brugsch. Wört. VI. S. 948 = χenti; also „grüne Bleierde?"

[2]) Cfr. vor. Seite Anm. 1.

[3]) Ebers. S. 169 „Wels".

[4]) Vielleicht Opium; determinirt mit dem Ruhebett.

[5]) Lüring. S. 39. „tepau = Ausschlag, Grind"; Brugsch. Wört. VII. S. 1325. „Früchte".

zermahlen, in Eins machen und als Pflaster legen (damit bepflastern).

Ein andres:

Grüne Datteln	1
Grüne uam-Körner	1
Kuhfett	1
Honig	1

als Pflaster legen (damit bepflastern).

Ein andres die metu[1]) die Mittel aufnehmen zu lassen:

Milch einer Frau, die einen Knaben geboren hat, stehn lassen in einem neuen hennu-Gefäss, damit die Sahne davon absteht; damit alles Kranke bestreichen.

Ein andres:

Menschen-ter (oder sa[2])), Schaum von Bier

damit bestreichen.

Mittel für den met[3]), ihn in jedem Glied zu schützen:

Frucht des åm-Baumes	1
teun-Pflanze	1
Naturhonig	1

in Eins machen und damit bepflastern.

Ein andres:

Kuhfleisch	1
Milz	1
Seesalz	1
Weizenkorn	1
Alraunen	1
Fett von Ibex nubiana	1
Kuhgalle	1

damit bepflastern.

Ein andres:

Baumöl (?)	1
Weihrauch	1
Natron des Nordens	1
LXXXI. sesqa-Körner	1

[1]) Cfr. S. 136. Anm. 2.

[2]) Die Uebersetzung ist unsicher!

[3]) Cfr. S. 136. Anm. 2.

ábrá-Körner	1
Honig	1
Kuhfleisch	1

damit bepflastern.

Ein andres die metu[1]) des Rückgrates[2]) (?) zu stärken:

Wachs	1
Kuhfett	1
Harz von Acanthus	1
Mehl von teun-Pflanze	1
Stengel[3]) von qadet-Pflanze	1
sehetet-Körner	1
Kuchenmehl	1
Zwiebelmehl (?)	1
Honig	1

kochen und damit bepflastern.

Ein andres die metu[1]) des Rückgrates[2]) (?) geschmeidig zu machen:

Weizenkörner	1
Durrakörner	1
Oel	1

in Eins kochen und damit bepflastern, nachdem es gehörig aufgewärmt ist.

Ein andres die metu[1]) geschmeidig zu machen:

Wachs	1
Kuhfett	1
Wachholderbeeren	1
Frischer Weihrauch	1
Cyperus	1
Beeren von Coriander	1
Beeren von χasīt[4])-Pflanze	1
Beeren von Leinpflanze (σάρι)	1
χet'-Pflanze	1
Collyrium	1

kochen, als Pflaster legen (damit bepflastern) und in Myrrhenöl weich machen.

---

[1]) Cfr. S. 136. Anm. 2.
[2]) Lüring S. 63 „Schienbein und Wade, Knie".
[3]) Wörtlich: das was am Boden ist.
[4]) Brugsch Wört. VI. S. 896 „Mohnpflanze".

Ein andres die metu[1]) der Schulter zu stärken[2]):

Süsse Myrrhen	1
Weihrauch	1
Absynth	1
Beeren von åbu-Pflanze	1
Beeren von åmmest[3])-Pflanze	1
Cyperus	1
Männlicher Samen	1
Spähne vom Cederbaum	1
sesqa-Körner	1
Sebesten von Sycomore	1
nesθī von Durra	

in Eins mischen und als Pflaster legen (damit bepflastern).

Ein andres die metu[1]) in jedem Glied zu stärken[2]):

Wachs	1
Kuhfett	1
Wachholderbeeren	1
šefšeft-Körner	1
Absynth	1
Seezunge-Körner	1
Collyrium	1
Honig	1

in Eins machen, als Pflaster legen (damit bepflastern) und in Myrrhenöl zerschmelzen.

Ein andres die metu[1]) zu beleben und die metu[1]) zu erfrischen:

åhemt-Harz	1
Weihrauch	1
sefet[4])-Oel	1
Wachs	1
Spähne von Aloë	1
Spähne vom uān-Baum	1
Beeren von Coriander	1
Schweinefett	1
Rinderfett	1

---

[1]) Cfr. S. 136. Anm. 2.

[2]) Eigentlich: zu versüssen.

[3]) Loret. „Recherches sur plusieurs plantes connues des anciens Égyptiens." Recueil de travaux relatifs à la philol. et à l'archéol. égypt. Paris 1886. S. 108: „Anethum graveolens L."

[4]) Ein heiliges Salböl.

kochen, als Pflaster legen (damit bepflastern) und in Myrrhenöl zerschmelzen.

Eine andre Salbe die metu[1]) zu stärken[2]):

ȧbrȧ[3])-Oel	1
Das Innere von Weihrauch	1
tenθȧ-Beeren	1
Corianderbeeren	1

damit viele Tage einreiben. LXXXII.

Ein andres die Gelenke[4]) in jedem Glied geschmeidig zu machen:

Honig	1
Wachs	1
Das Innere von Weihrauch	1
ȧbrȧ[3])-Oel	1
māhui[5])-Flüssigkeit	1
Zwiebelmehl (?)	1
šaša[6])-Stücke	1
Beeren von t'as-Pflanze	1

in Eins zermahlen und damit einreiben.

Ein andres:

Beeren vom uān-Baum	1
Knollen von der tektek-Pflanze	1
Harz von der χesaīt[7])-Pflanze	1
pereš-Körner	1
Beeren von Crocus	1
Das Abgeschabte von Weihrauch	1
tepau[8]) vom uān-Baum	1

in Eins machen und als Pflaster legen (damit bepflastern).

Ein andres die Verhärtung in jedem Glied einer Person geschmeidig zu machen:

---

1) Cfr. S. 136. Anm. 2.
2) Cfr. vor. Seite Anm. 2.
3) Ein heiliges Salböl.
4) Aegyptisch: re-äti; d. h. die Stelle, wo zwei Glieder münden; örtlich: „Mund der beiden Glieder".
5) Brugsch. Wört. VI. S. 563 „Wunderfrucht".
6) Brugsch. Wört. VII. S. 1226 „Kuchen aus zusammengepressten Rosinen".
7) Brugsch VI. S. 896 „Mohnpflanze".
8) Lüring. S. 39 „Ausschlag, Grind". Brugsch. Wört. VII. S. 1325 „Früchte".

Natron	1
Bohnen	1
Oel des 2. Tages[1]	1
Oel vom Nilpferd	1
Oel vom Krokodil	1
Oel vom ădu-Fisch	
Oel vom năr[2]-Fisch	1
Weihrauch	1
Süsse Myrrhen	1
Honig	1

kochen und als Pflaster legen (damit bepflastern).

Ein andres die metu[3] geschmeidig zu machen:

Rinderfett	1
Hefe von Wein	1
Knoblauch	1
Mauerkohle	1
Beeren von der χasīt[4]-Pflanze	1
Beeren von θeḥui	1
Beeren von t'as-Pflanze	1
sa[5]-Korn des Südens	1
Weihrauch	1
Myrrhenöl	1

bestreichen das Fleisch[6], nicht trocknen lassen.

Eine andre Salbe die Verhärtungen geschmeidig zu machen:

Schweinefett	1
Wurmöl	1
Oel von ȧbθersu-Thier	1
Mauseöl	1
Katzenöl	1

in Eins sammeln und als Pflaster legen (damit bepflastern).

Ein andres das Trockene[7] des met[3] geschmeidig zu machen:

---

[1] Sterns Glossar S. 24 „oleum diebus duobus ante factum."
[2] Ebers S. 169 „Wels".
[3] Cfr. S. 136. Anm. 2.
[4] Cfr. vor. Seite Anm. 7.
[5] Lüring S. 98 „Natron".
[6] „Die Haut?"
[7] Stern liest māāt = latus, latera; dies Wort giebt hier keinen Sinn. L.

χet'-Pflanze	1
Fett	1
Kuhmilz	1
Weihrauch	1
Bohnen	1

als Pflaster legen (damit bepflastern).

Ein andres:

Knoblauch	1
Wassermelone	1
Seesalz	1
Honig	1
Fett von Ibex nubiana	1
sesqa-Körner	1
Rindfleisch	1
Alraunen	1
Zwiebeln (?)	1

als Pflaster legen (damit bepflastern).

Ein andres:

Männlicher Koth	1
Beeren von Coriander	1
Datteln	1

als Pflaster legen (damit bepflastern).

Ein andres das Jucken[1]) des met[2]) zu stillen:

t'ät-Oel	1
Trockener Dattelsaft	1
Seesalz	1
Hefe von süssem Bier	1

als Pflaster legen (damit bepflastern).

Ein andres den met[2]) geschmeidig zu machen: LXXXIII.

Dumpalmenfrucht	1
Bohnen	1
āmāā-Körner	1
Zwiebeln (?)	1
Spähne vom Cederbaum	1
Spähne vom Maulbeerbaum[3])	1
Spähne von der Weide	1
Spähne von Zizyphus Lotus	1

---

[1]) Aegyptisch: ušāu = prurigo.
[2]) Cfr. S. 136. Anm. 2.
[3]) Aegyptisch: merī.

Spähne von Sycomore	1
Spähne vom uăn-Baum	1
Harz von Acanthus	1
Harz von Zizyphus Lotus	1
Harz vom åm-Baum	1
Harz von Sycomore	1
Rothe Körner	1
Beeren vom åm-Baum	1
Weisses Oel	1
Gänseöl	1
Schweinekoth	1
Wachholderbeeren	1
Myrrhen	1
Knoblauch	1
Kräuter des Feldes	1
ušă[1]) von Cyperus	1
Wassermelone	1
tåu[2])-Pflanze	1
besbes[3])-Körner	1
åbu-Pflanze vom Delta	1
Abfall von der Leinpflanze	1
Seesalz	1
Bergsalz	1
åneb-Pflanze	1
Mennige	
Grüne Bleierde (?)	1
Nạtron	1
Rinderfett	
šaša[4])-Stücke	1

in Eins machen und als Pflaster legen (damit bepflastern).

Ein andres die Verhärtungen in jedem Glied hinwegzunehmen:

Lebendes[5]) Fleisch 1

---

[1]) Vielleicht: „Dornen, Stacheln". L.

[2]) Brugsch. Wört. VII. S. 1310 „hordeum".

[3]) Brugsch „Fenchel?"

[4]) Brugsch. Wört. VII. S. 1226 „Kuchen aus zusammengepressten Rosinen".

[5]) Wohl so viel wie „frisch".

Lebender[1]) Cyperus 1
Honig 1
zermahlen und als Pflaster legen (damit bepflastern).

Ein andres:
Kuhmilz 1
Hefe 1
sesqa-Körner 1
in Eins zermahlen und als Pflaster legen (damit bepflastern).

Ein andres:
(Kuh) Milz 1
χesaīt[2])-Pflanze 1
Weizenspreu 1
Beeren von ϑeḥui 1
Seesalz 1
als Pflaster legen (damit bepflastern).

Ein andres:
Zwiebeln (?) 1
Wachs 1
Honig 1
Leinpflanze (σάρι) 1
Seesalz 1
Hefe 1 ebenso.

Ein andres:
Seesalz 1
Hefe 1
t'āt-Oel 1
Natron 1
Lactuca 1 ebenso.

Ein andres:
nešau[3])-Pflanze des Südens 1
nešau[3])-Pflanze des Nordens 1
ȧdeḥet[4])-Pflanze 1
tȧa[5])-Pflanze 1
šut-Pflanze des Südens 1
Schreibfarbe 1
als Pflaster legen (damit bepflastern).

---

[1]) Cfr. vor. Seite Anm. 5.
[2]) Brugsch. Wört. VI. S. 896 „Mohnpflanze".
[3]) Brugsch. Op. cit. S. 698 „die borstige Pflanze", Gerste.
[4]) Papyruspflanze.
[5]) Brugsch. Wört. VII. S. 1310 „hordeum".

Ein andres Verhärtungen in jedem Glied zu erweichen:

t'ät-Oel	1
Dattelsaft	1
Seesalz	1
Hefe von Wein	1
Natron	1
Rinderfett	1
Feigen	1
Lactuca	1
Honig	1
Eselskoth	1
Lebende tepu-Körner	1
šeneft[1])-Körner	1
sesqa-Körner	1

kochen und als Pflaster legen[2]) (damit bepflastern).

Ein andres:

teun-Pflanze	1
Zwiebeln (?)	1
Dumpalmenfrucht	1
Bohnen	1
Oel	1
Honig	1

zermahlen und als Pflaster legen (damit bepflastern).

Ein andres:

χet'-Pflanze	1
Rinderfett	1
Bohnen	1
Weihrauch	1

als Pflaster legen (damit bepflastern).

Ein andres:

Dumpalmenfrucht	1
Bohnen	1
šeps[3])-Pflanze	1
Schwarzer Messer(stein)	1
Seezungekörner	1
Zwiebeln (?)	1

---

[1]) Gehört zu den als Opfer dargebrachten Körnern.
[2]) ḥeres ist mit rother Tinte dazwischengeschrieben.
[3]) Brugsch. Wört. VII. S. 1180 „Edelkraut".

Weihrauch	1
χet'-Pflanze	1
Teig	1
Mennige	1
Alraunen	1
Seesalz	1
Honig	

zermahlen und als Pflaster legen (damit bepflastern).

Ein andres:

Hefe	1
Dattelsaft	1
Seesalz	1

kochen und als Pflaster legen (damit bepflastern). LXXXIV.

Ein andres Verhärtungen in jedem Glied zu erweichen:

Honig	1
Wachs	1
Zwiebeln (?)	1
Absynth	1
Beeren vom uān-Baum	1
Beeren von Crocus	1
Knollen von Cyperus	1
Mentha montana	1
Oel	1
Leinsamen (?)	1
Fett vom Cederbaum	1
sert-Saft	1
Beere von der šames-Pflanze	1
Weihrauch	1
Grüne Bleierde (?)	1
Pulver von āmāā-Pflanze	1

kochen und als Pflaster legen (damit bepflastern).

Ein andres:

Lehm[1] (?)	1
Seesalz	1
Süsses Bier	1
Sycomorenfrucht	1

als Pflaster legen (damit bepflastern).

---

[1]) Aegyptisch: besen.

Ein andres:

åbu-Pflanze	1
sert-Pflanze[1]	1
seššāit-Körner	1
Aloë	1
Dumpalmenfrucht	1
Cyperus	1
Mentha montana	1
Crocusbeeren	1
Corianderbeeren	1
Oel vom Nilpferd	1

als Pflaster auflegen (damit bepflastern).

Ein andres:

Dumpalmenfrucht	1
Bohnen	1
šeps[2]-Pflanze	1
Frische Milch	1
Sebesten	

sie zerstossen in åteḥennet[3]-Vogel, sie zerstossen in seinen Federn; als Pflaster legen (damit bepflastern).

Ein andres:

Weisses Oel	1
Gänseschmalz	1
Fett von Ibex nubiana	1
Das Fette[4] vom uān-Baum	1
sefet[5]-Oel	1
Süsse Myrrhen	1
šaša[6]-Stücke	1
Knoblauch	1
Wachs	1

kochen und als Pflaster legen (damit bepflastern).

Ein andres:

šeneft[7]-Körner	1

---

[1]) Das Determinativzeichen ist hier ohne Zweifel falsch. L.

[2]) Brugsch. Wört. VII. S. 1180 „Edelkraut".

[3]) Brugsch. Wört. V. S. 166 „Zugvogel".

[4]) Cfr. S. 133. Anm. 2.

[5]) Ein feines Salböl.

[6]) Brugsch. Wört. VII. S. 1226 „Kuchen aus zusammengepressten Rosinen".

[7]) Gehört zu den als Opfer dargebrachten Körnern.

Seesalz	1
Honig	1
Dattelsaft	1
Natron	1
sesqa-Körner	1
Rinderfett	1
Hefe	1

kochen und damit bepflastern.

Ein andres. Mittel zu machen für den met[1]), der in jedem Glied hinläuft[2]):

Saure Milch	1
Brosame von šebet-Brod	1

in eine Pille machen, erwärmen und damit bepflastern.

Ein andres:

neḥed[3])-Körner	1
Weihrauch	1
Beeren von der χasīt[4])-Pflanze	1
Helxine	1
sesqa-Körner	1
Grütze[5]) von Durra	1
Crocus	1
Cyperus	1
Fett vom Cederbaum	1

kochen und damit bepflastern.

Ein andres:

Sycomorensaft	1
Hefe von süssem Bier	1

kochen und damit bepflastern.

Ein andres šept[6]) des met[1]) zu vertreiben:

uāḥ[7])-Körner	1 zu kauen von einer Person
Gänseeier	

in den Hintern thun.

---

[1]) met = Gänge, Muskeln, Nerven, Adern, Sehnen etc. in dem menschlichen Körper.

[2]) Aegyptisch: nehept = „vorangehen". Brugsch Wört. VI. S. 686.

[3]) Ebers S. 69. „Zahnkrautkörner."

[4]) Brugsch Wört. VI. S. 896 „Mohnpflanze".

[5]) Lüring S. 158.

[6]) „Unordnung?" L; Brugsch Wört. VII. S. 1181 „röthliche Flecken zeigen".

[7]) Wohl eine Getreideart (?).

Ein andres:

χeper-ur-Körner	1
Wachs	1
Honig	1

damit bepflastern.

Ein andres die metu[1]) stark zu machen:

	Rinderfett	1
	Weihrauch	1
	Wachs	1
	Beeren vom uān-Baum	1
LXXXV.	Beeren von χasīt[2])-Pflanze	1
	Aloë	1
	Kümmel	1

in Eins machen und 4 Tage damit bepflastern.

Eine andre Salbe die metu[1]) zu beruhigen[3]):

Collyrium	1
Wachs	1
Weihrauch	1
Aloë	1
Trockne Myrrhen	1
Rinderfett	1
Süsses Baumöl (?)	1

4 Tage damit bepflastern.

Ein andres die metu[1]) geschmeidig zu machen:

Süsse Myrrhen	1
Spähne vom Cederbaum	1
Dattelmehl	1
Bauernöl	1

in Eins kochen und 4 Tage damit bepflastern.

Ein andres Knoten[4]) in die Höhe zu heben und Verhärtungen zu erweichen:

Dattelsaft	1
Seesalz	1
šefšeft-Körner	1
Oel	1

---

[1]) Cfr. vor. Seite Anm. 1.
[2]) Cfr. vor. Seite Anm. 4.
[3]) Eigentlich: wiederherzustellen.
[4]) Aegyptisch: qereft; Brugsch Wört. VII. S. 1216 „etwas das sich zusammengeballt hat im Gesicht, Drüse oder ähnliches“.

Natron	1
t'as-Pflanze	1

in Eins machen und damit bepflastern.

Ein andres zu erweichen:

Natron	1
Seesalz	1
Fett vom Cederbaum	1
Hefe von Bier	1

damit bepflastern.

Ein andres:

Honig	1
Seesalz	1
Eselskoth	1

kochen und damit bepflastern.

Ein andres:

Oel	1
Honig	1
Lebende tepau[1])	1

kochen und damit bepflastern.

Ein andres die metu[2]) zu erfrischen:

Rinderfett	1
Eselsfett	1
Widderfett	1
Dumpalmenfrucht	1
θeḥua-Körner	1
χasīt[3])-Pflanze	1
Seesalz	1

damit bepflastern.

Was zu machen ist für den verhärteten met[2]):

Pefferminz	1
neša[4])-Pflanze	1

zerstossen und damit bepflastern.

Ein andres gegen Alles zu schützen[5]):

Die Seite einer Statue[6])	1
Mentha montana	1

---

[1]) Brugsch Wört. VII. S. 1325 „Frucht“.
[2]) Cfr. Seite 136 Anm. 2.
[3]) Brugsch Wört. VI. S. 896 „Mohnpflanze“.
[4]) Brugsch Wört. VI. S. 698 „Gerste“.
[5]) Unsicher!
[6]) „Das Abgeschabte?“ L.

šaša-Stücke [1])	1
Oel	1
Wachs	1

kochen, durchseihen und 4 Tage einnehmen.

Ein andres Paroxysmen [2]) (?) der uχedu im zitternden Arm zu vertreiben:

Durramilch, die Erbrechen und ebenfalls Verwesung bewirkt; zu trinken 6 hennu-Gefässe, indem man es erwärmt, so dass Erbrechen folgt, 4 Tage [3]).

Anfang der Mittel Krankheit der Zunge zu vertreiben:

Milch gurgeln [4]) und auf die Erde thun.

Ein andres für die kranke Zunge:

Rinderfett	1
ääm-Körner	1
Kuhmilch	1
Frisches Brod	1

kauen.

Ein andres:

ämää-Körner	1
Milch	1
Gänseschmalz	1

kauen.

Ein andres die kranke Zunge zu heilen:

Weihrauch	1
Kümmel	1
Grüne Bleierde (?)	1
Gänseschmalz	1
Honig	1
Wasser	1

kauen (9 Mal?).

Ein andres:

Collyrium	1
Crocus	1
Grüne Bleierde (?)	1

---

[1]) Brugsch Wört. VII. S. 1226 „Kuchen aus zusammengepressten Rosinen".

[2]) Aegyptisch: tehennu; die Uebersetzung ist unsicher!

[3]) Die Uebersetzung dieses kleinen Abschnittes ist ganz unsicher!

[4]) Eigentlich: kauen.

Kupferschlacken	1
Honig	1

zermahlen und darauf legen.

Ein andres:

χesu-Körner	1
Brodteig	1
Zwiebeln (?)	1
Honig	1
Wasser	1

kauen LXXXVI. 9 mal (?). LXXXVI.

Ein andres:

Sebesten	1	
Zwiebeln (?)	1	
Grüne Bleierde (?)	1	
Honig	1	
Wasser	1	ebenso.

Ein andres:

Harz von Acanthus	1	
āmāā-Körner	1	
Grüne Bleierde (?)	1	
Nasturtium	1	
Bohnen	1	
Alraunen	1	
Alabasteṛmehl	1	
Honig	1	ebenso.

Anfang der Mittel die šepen[1])-Krankheit zu vertreiben, die den Körper eines Mannes oder einer Frau überzieht:

Seesalz	1/4
Weihrauch	1/4
Frische Milch	1/2

in den Hintern giessen; auch wird es gemacht, ohne Weihrauch hinzuzuthun.

Ein andres:

Urin	1/3	
Zwiebeln (?)	5/6	
Oel	1/3	ebenso.

---

[1]) „Die Räude." L; Brugsch Wört. VII. S. 1181 „rothe Flecken zeigen"; im Berl. med. Pap. findet sich ein Recept, die šepen-Krankheit im Urin zu vertreiben.

Ein andres:

Frische Milch	$^5/_6$
Baumöl (?)	$^5/_6$
Kupferrost[1]	$^1/_{16}$
Collyrium	$^1/_{16}$
Honig	$^1/_8$ ebenso.

Es ist berühmt, die uχedu zu vertreiben.

Mittel ein stinkendes Geschwür im Sommer zu vertreiben:

Weihrauch	1
àbu-Pflanze	1
Wachholderbeeren	1
Myrrhen	1

in Eins sammeln und damit salben.

Ein andres stinkendes Geschwür im Körper eines Mannes oder einer Frau zu vertreiben:

Zerstossene Zwiebeln (?) in eine Kugel machen und damit den Körper salben.

Ein andres:

Straussenei, Schildkrötenschale, Dornen vom àm-Baum erwärmen und damit salben; werde Du nicht dabei müde.

Ein andres:

Weihrauch, Teig

in Eins mischen, in eine Kugel machen; auf den Ort thun, wo ein Glied sich mit dem andern verbindet[2]).

Mittel Eczem[3]) im Kopf zu vertreiben:

Durramehl zermahlen und erwärmt	$^1/_3$
Dumpalmenmehl erwärmt	$^1/_3$
Weiches Fett	$^1/_3$

in Eins machen, damit einölen und seinen Kopf verbinden; seinen Kopf auf die Erde neigen; nicht irgend ein (andres) Mittel darauf anwenden. Nachdem sein Kopf mit Salbe von diesen Ingredienzien bestrichen worden ist, werde er dann eingeölt in Fischöl den 2. Tag; einölen in Nilpferdöl den 3. Tag; einölen in àbrà-Oel den 4. Tag; bestreichen mit Brodmehl und faulem Getreide, um seinen Kopf jeden Tag thun.

---

[1]) Cfr. Zeitschr. für ägypt. Spr. und Alterthumskunde. 1881. S. 26.

[2]) Die Uebersetzung ist nicht sicher!

[3]) Aegyptisch: tepau = Grind, Ausschlag.

Mittel das Fleisch zu theilen[1]): LXXXVII.

Eselsmilch	$^1/_3$ denà
Harz von Acanthus	$^1/_{16}$
Indigo	$^1/_{16}$
duat-Pflanze	$^1/_{32}$
Nüsse von Pistacia terebinthus	$^1/_{32}$
Honig	$^1/_{16}$

kochen, durchseihen und 4 Tage einnehmen.

Ein andres die Hautfarbe zu ändern:

Honig	1
Rothes Natron	1
Seesalz	1

in Eins zermahlen und damit den Körper salben.

Ein andres den Körper[2]) zu verschönern:

Alabastermehl	1
Natronmehl	1
Seesalz	1
Honig	1

in Eins in diesem Honig mischen und den Körper damit salben.

Ein andres Runzeln[3]) des Gesichtes zu vertreiben:

Weihrauchkuchen	1
Wachs	1
Frisches Baumöl (?)	1
Cyperus	1

zermahlen, zerreiben, in frische Milch thun, 6 Tage auf das Gesicht thun; sieh Du zu!

Ein andres das Gesicht glatt zu machen:

Kuchenmehl in Quellwasser (thun); nachdem sie ihr Gesicht jeden Tag gewaschen hat, salbe sie ihr Gesicht damit.

Ein andres:

Rindergalle, Oel, Teig, zerstossenes Straussenei, bedet[4])-Salz, ḥautet-Harz; mischen, zu einem Brei machen, in frischer Milch mischen und das Gesicht damit täglich waschen.

---

[1]) Lüring S. 39 „von gesundheitsschädlichen Stoffen zu befreien".
[2]) D. h. die Haut; also ein Schminkmittel.
[3]) Aegyptisch: qereft; Lieblein hält es für „Ausschlag, Flecken"; Brugsch VII. S. 1261 „etwas das sich zusammengeballt hat im Gesicht, Drüse oder ähnliches".
[4]) Brugsch Wört. V. S. 462 „eine besonders reine Natronart".

Ein andres:

sefet[1])-Oel, Honig, bedet[2])-Salz, ḥautet-Harz zu einem Brei machen, in frischer Milch mischen und das Gesicht damit sehr oft waschen.

Ein andres:

Wasser von der qebu-Pflanze, Alabastermehl, Kuchen, frische ābt[3])-Körner; in Honig mischen, zu' einem Brei machen, in Menschenmilch mischen und das Gesicht[4]) damit salben.

Ein andres Schwinden[5]) des Gesichts zu vertreiben:

Das Innere des kesebt[6])-Baumes in Mennige mischen und auf das Gesicht sehr häufig bringen.

Ein andres Blutfressen[7]) im Körper zu vertreiben:

Mehl von āmāā-Pflanze	1
Scherbenpulver	1
Mehl von bedet[8])-Korn	1
θeḥui-Beeren	1
Naturhonig	1
Roher[9]) Dattelsaft	1

in Eins machen, in einen Brei machen una aamit bepflastern.

Ein andres gegen Blutfressen:

Dattelsaft	1
Zwiebeln (?)	1
θeḥui-Beeren	1
Scherben	1
Granit	1
Was in ut'āīt-Frucht ist	1
Saure Milch	1

LXXXVIII. in Eins machen und damit bepflastern 4 Tage.

Ein andres gegen Blutfressen in jedem Glied:

Knoblauch in Fett zerstossen, darauf legen.

---

1) Ein heiliges Salböl.

2) Cfr. vor. Seite Anm. 4.

3) Brugsch Wört. V. S. 205 „ein mit Kunst geschnittener Stein".

4) ḥer = Gesicht ist nachträglich mit blasserer Dinte eingeschoben.

5) Aegyptisch: ḥetau = Runzeln.

6) Ricinusstrauch (?).

7) „Blut zu vertreiben, das im Innern des Körpers frisst". L.

8) Cfr. vor. Seite Anm. 4.

9) χeper t'esef = „selbst entstanden" ist nachträglich hinzugefügt.

Ein andres:

Teig, in Natron und ânît-Pflanze mischen, auf jedes Glied thun, in dem (das schädliche) Blut ist[1].

Was zu machen ist um Splitter, die im Fleisch sind, auszuziehen[2]:

per-baîbaît-Vogel, Honig darauf legen.

Ein andres:

Wurmblut[3]) kochen und in Oel zermahlen; âpnent[4])-Thier, abgestochen, abgekocht, abgesondert[5]) in Oel, darauf thun (auf seine Oeffnung[6])); Eselskoth in frischer Milch mischen und darauf (auf seine Oeffnung[6])) legen.

Ein andres:

Samen von dem männlichen und weiblichen Geschlechtstheil darauf thun.

Ein andres:

Schädel vom när[7])-Fisch, in Oel gekocht, auf seinen oberen Spitze des Splitters] legen, damit er hervorkommt.

Ein andres:

Weihrauch, Teig, Seesalz, Wespenkoth, Fett, Mennige, Wachs darauf legen; es zieht das Wasser (den Eiter) von ihm heraus.

Mittel gegen eine Ritze, die geschnitten ist, so dass das Blut aus ihr herauskommt:

Zwiebel (?)	1
Honig	1
Seezunge-Körner	1
Sycomore	1
Beeren von der t'as-Pflanze	1

in Eins machen und darauf legen[8]).

---

[1]) Hier zeigt der Papyrus eine grössere Lücke, jedoch wie es scheint, ohne Unterbrechung des Textes.

[2]) Loret. Le verbe šed et ses dérivés. Recueil des travaux relatifs à la philologie et à l'archéol. égypt. et assyr. Vol. XI. S. 131.

[3]) Stern liest māt'ed nu ḥeft = die (ausgepressten) Säfte des Wurmes.

[4]) Ebers S. 169 „Maulwurf?"

[5]) Ebers S. 26.

[6]) Im Papyrus ist re = Oeffnung (foramen) mit rother Tinte durchgestrichen.

[7]) Ebers S. 169 „Wels".

[8]) Hier findet sich wieder eine bemerkenswerthe Lücke; wie es den Anschein hat, ohne Unterbrechung des Textes.

Mittel allerlei Zauber zu vertreiben:

Einem grossen Scarabäus seinen Kopf und seine beiden Flügel abschneiden; kochen, in Oel thun und darauf bringen. Wenn Du nachher wünschst ihn (den Zauber) zu vertreiben[1]), so wärme seinen Kopf und seine beiden Flügel auf; in Oel des āpnent[2])-Wurmes thun, kochen und es die Person trinken lassen.

Ein andres. Mittel gegen uašeš-Geschwür[3]):

Menschenmilch, šaša[4])-Stücke, Granit des ānχ-Metalles, mischen in Abfall von der Leinpflanze, Schildkrötenschale in gleicher Weise sammeln, nicht trocknen lassen; setze dazu Unrath von dem Messerstein; gieb Du es, damit das Blut fällt (sinkt).

Ein andres:

Bodensatz von Hefe, åsemu[5])-Metall, Sand, Myrrhen zerreiben und damit salben.

Ein andres:

Durra, kochen, Quellwasser, Collyrium damit salben.

Ein andres:

Taubenblut, Gänseblut, Schwalbenblut[6]), Geierblut damit salben.

LXXXIX. Zerriebenes von Kupfergrünspan . . . .[7]), Milz in Eins zermahlen und damit salben.

Der Beginn von den Mitteln den Zahn zu stärken[8]):

Dumpalmenfruchtpulver 1

---

1) der = vertreiben ist mit schwarzer Tinte eingeschoben.

2) Ebers S. 169. „Maulwurf?"

3) Lüring S. 41 „ein bestimmtes Blutgeschwür".

4) Brugsch Wört. VII. S. 1226 „Kuchen aus zusammengepressten Rosinen".

5) Nach Lepsius [Abhandl. der Königl. Akad. der Wiss. Phil.-histor. Cl. 1871 S. 43] „ἤλεκτρος".

6) Zunächst stand im Papyrus menīt = Taube, so dass dann in demselben Recept zweimal Taubenblut verordnet worden wäre. Es ist dann mit rother Dinte das „ī" weggestrichen, und es blieb so ment = Schwalbe.

7) Mit rother Dinte steht hier: qem-šen = gefunden zerstört; d. h. der Schreiber hat die betreffende Stelle im Original, aus der er abschrieb, zerstört gefunden; cfr. S. 12. Anm. 2.

8) Wörtlich: festmachen, εὐσταθεῖν.

Grüne Bleierde (?) 1
Honig 1

in Eins machen und damit den Zahn abreiben (reinigen[1])).

Ein andres:

Pulver vom Kieselstein[2]) 1
Grüne Bleierde (?) 1
Honig 1

den Zahn damit abreiben[1]).

Das Wachsen der $u\chi$edu in den Zähnen zu vertreiben:

Brodteig 1
Bohnen 1
Honig 1
Grünspan 1
Grüne Bleierde (?) 1

zermahlen, reiben und auf den Zahn bringen.

Ein andres den Zahn zu behandeln, der bis zum obern Theil des Fleisches[3]) frisst[4]):

Kümmel 1
Weihrauch 1
Zwiebeln (?) 1

reiben und auf den Zahn bringen.

Ein andres den Zahn zu stärken[5]):

Weihrauch 1
Grüne Bleierde (?) 1
Grünspan 1

reiben und auf den Zahn bringen.

Ein andres:

Wasser 1
Absynth 1 ebenso.

Ein andres Zähne in Kau(mitteln) zu behandeln:

āṃāā-Pflanze 1
Süsses Bier 1
šut-Pflanze des Südens 1

kauen und auf die Erde thun.

---

[1]) Aegyptisch: uša = nach Brugsch Wört. V. S. 344 „entleeren, leer machen, ausschütten".

[2]) Aegyptisch: bennut; cfr. Brugsch Wört. V. S. 430.

[3]) Mit „obern Theil des Fleisches" ist die Gingiva gemeint.

[4]) Eigentlich: juckt, nagt.

[5]) Cfr. vor. Seite Anm. 8.

Ein andres bennut[1])-Blasen in den Zähnen zu vertreiben und das Fleisch wachsen zu machen:

Kuhmilch	1
Frische Datteln	1
uāḥ[2])-Korn	1

feucht stehn lassen und kauen (9 mal).

Ein andres:

ȧnest-Pflanze	1
Brodteig	1
Grüne Bleierde (?)	1
Sebesten	1
Kuchen	1
ϑāam-Pflanze	1
besbes-Körner[3])	1
Baumöl (?)	1
Wasser	ebenso.

Ein andres die Zähne wachsen zu lassen[4]) und die Zähne zu behandeln:

Crocus	1
duat-Pflanze	1
Süsses Bier	1

kauen und auf die Erde thun.

Ein andres. Mittel zur Behandlung des Blutfressens im Zahn[5]):

qebu-Frucht	1/32
Zwiebeln (?)	1/64
Kuchen	1/16
Brodteig	1/8
ȧnest-Pflanze	1/32
Wasser	1/2

feucht stehn lassen und 4 Tage kauen.

Anfang der Mittel Flöhe[6]) (?) und Läuse[7]) (?) zu vertreiben:

---

1) Runde Blasen; vielleicht Zahngeschwür?
2) Wohl eine Getreideart (?).
3) Brugsch. Zeitschr. f. ägypt. Spr. 1881. S. 33. „Fenchel".
4) „Stärken". L.
5) „Fressen des Blutes im Zahn." L.
6) Aegyptisch: deḥert.
7) Aegyptisch: sebt; Brugsch Wört. VII. S. 1027.

Dattelmehl $^1/_2$
Wasser $^1/_2$

kochen zu einer Portion von 2 hennu-Gefässen und warm trinken; nachher ausspeien lassen, nachdem er es gemacht hat, um die Flöhe[1]) und Läuse[2]) zu vertreiben, die sich auf jedwedem Glied bewegen[3]).

Vertreiben der nesīt[4])-Krankheit in den Augen:

besbes[5])-Körner 1
Lactuca 1
t'as-Pflanze 1
Papyruspflanze 1
Süsses Bier $^1/_3$

durchseihen und von der Person zu essen, die die nesīt[4])-Krankheit hat.

Ein andres die nesīt[4])-Krankheit in der Person zu vertreiben:

šeneft[6])-Körner 1 denà
Weisse seχet-Pflanze $^1/_8$
Beeren vom uān-Baum $^1/_{16}$
Fibern der χasīt[7])-Pflanze $^1/_{16}$

in Eins machen und einnehmen.

Ein andres:

Eine Prise von ḥemīt-Körnern in saurer Milch gut kochen und einnehmen.

Ein andres:

Feigen $^1/_4$
Sebesten $^1/_4$
Oel XC. weisses $^1/_8$ XC.
Honig $^1/_{32}$
Weinbeeren $^1/_{16}$
Beeren vom uān-Baum $^1/_{16}$
Süsses Bier $^1/_3$

kochen, durchseihen und einnehmen.

---

1) Cfr. vor. Seite Anm. 6.
2) Cfr. vor. Seite Anm. 7.
3) Eigentlich: kriechen, herumschweifen auf.
4) Schmerz, Krankheit, Leiden.
5) Cfr. vor. Seite Anm. 3.
6) Gehört zu den als Opfer dargebrachten Körnern.
7) Brugsch Wört. VI. S. 896 „Mohnpflanze".

Ein andres:

Mentha montana	1
Datteln	1
Zwiebeln (?)	1
Seesalz	1
Roher Dattelsaft	1
pat-Saft	1 . . . . .[1])

Ein andres:

Die beiden Testikel eines schwarzen (?) Esels zermahlen, zerreiben, in Wein thun und von der Person zu trinken; sie (die Krankheit) verschwindet sogleich.

Anfang der Mittel zur Behandlung der rechten Seite gegen die ruīt[2])-Krankheit:

Frischer Brei	1/32
seχet-Flüssigkeit	1/16
sert-Saft	

damit bepflastern.

Ein andres:

Weihrauch	1/64
Beeren vom uān-Baum	1/16
åbu-Pflanze des Nordens	1/16
åbeχå-Flüssigkeit	1/16
Crocus des Berges	1/16
Crocus des Nordens	1/16
Leinsamen	1/16
θāam-Pflanze	1/16
Schilf	1/16
χebu[3])-Pflanze	1/16
šut-Pflanze des Südens	1/16
Weisse seχet-Flüssigkeit	1/32
Grüne seχet-Flüssigkeit	1/16
Fett vom Cederbaum	1/3

---

[1]) Mit rother Tinte steht hier (Zeile 3): qem-šen = „gefunden zerstört"; cfr. S. 12. Anm. 2 und S. 160. Anm. 7.

[2]) Lürings Vermuthung, dass hierunter die von Pruner „Die Krankheiten des Orients" Erlangen 1847. S. 257 beschriebene Hepatitis superficialis gemeint sei, scheint mir wohlbegründet. In der That ist sie — in Aegypten — das häufigste Leiden der rechten Seite; man hat hier übrigens vielleicht auch an Perityphlitis zu denken; doch scheint mir Lürings Combination zutreffender.

[3]) Brugsch Wört. VI. S. 905 „Honigpflanze, μελίλωτος?".

Cyperus	1/16
Dumpalmenfrucht	1/3
red-Körner	1/16
χet'-Pflanze	1/8
Honig	1/32

damit bepflastern.

Ein andres:

senenutet [1])-Pflanze	1
Weinbeeren	1
Dumpalmenfrucht	1
Brei	1
ḥemamu [2])-Pflanze	1
gentet-Pflanze	1
Durraspreu	1

in Eins machen und die Seite damit bepflastern.

Ein andres:

Cyperus	1
Gänseschmalz	1
Honig	1

damit bepflastern.

Der Beginn von den Mitteln für reš [3]) der Nase:

Dattelsaft, ihre Oeffnung [4]) (seinen Mund) damit füllen.

Ein andres Schnupfen [5]) in der Nase zu vertreiben:

Pfefferminz in Datteln reiben und auf die Nase thun.

Ein andres die Stinknase [3]) (Coryza?) zu bezaubern:

Spuck Du Schleim aus, Sohn des Schleimes [6])! Fass die Knochen, berühre den Schädel, bestreiche mit Talg, gieb dem Kranken 7 Oeffnungen im Kopf, diene dem Gott Ra, danke dem Gott Thoth. Denn ich brachte deine Mittel für Dich, deinen Trank für Dich: Milch einer Frau, die einen Knaben geboren hat und wohlriechendes Brot vertreiben, heilen es. Noch einmal. Es trete hervor auf die Erde die Fäulnis, die

---

[1]) Lüring S. 161 „Pistia stratiotes L."

[2]) Cfr. S. 35. Anm. 3.

[3]) Aegyptisch: reš = Schleim.

[4]) Aegyptisch: ref; kann heissen: „seinen Mund" oder „ihre (der Nase) Oeffnung".

[5]) Aegyptisch: nāa = Brugsch Wört. VI. S. 659 „schnaufen, verschnupft sein, Schnupfen".

[6]) Solche Zaubersprüche haben oft keinen (wenigstens für uns) fasslichen Sinn. L.

Fäulnis! 4 Mal. Zu sprechen über Milch einer Frau, die
XCI. einen XCI. Knaben geboren hat und wohlriechendes Brod; iu die Nase thun[1]).

Der Beginn von den Mitteln für das Ohr, das schlecht hört:

Mennige und Harz vom åm-Baum, zermahlen, zerreiben in frischem Baumöl (?) und auf das Ohr bringen.

Ein andres für das Ohr, aus dem übelriechende Materie[2]) fliesst:

Weihrauch in Gänseschmalz, Sahne von Kuhmilch, bedet[3])-Korn, ḥauït-Harz; zermahlen, zerreiben, in Eins machen und auf das Ohr bringen.

Ein andres das Ohr zu behandeln:

Behandle Du es mit kühlen Mitteln, nicht (mit) warmen. Wenn der met[4]) zittert, so mach Du ihm ut von Grünstein, zermahlen und 4 Tage darauf thun.

Danach mach Du ihm Charpie (mit):

Oel	$^2/_3$
Honig	den Rest

häufig darauf thun.

Wenn es aus seiner Oeffnung fliesst, so mach Du ihm eine Kugel, welche die Wunden trocken macht (bestehend aus):

Harz von Acanthus, Harz von Zizyphus Lotus, Beere von der Weide, Kümmel

zermahlen und darauf bringen.

Wenn es dick[5]) darunter wird, so mach Du ihm die Mittel, welche die Wunden trocknen:

Kopf von ämämu-Thier, Gazellenohren (?), Schildkrötenschale, ånnek[6])-Pflanze

es damit sehr häufig vollstopfen.

Mach Du ebenso, ohne es zu verzögern[7]). Fliesst es her-

---

[1]) Hier ist im Papyrus eine Lücke, jedoch ohne Unterbrechung des Textes.

[2]) Eigentlich: das stinkende Flüssigkeit absondert; wir gehn wohl nicht fehl, wenn wir hier an die Otitis media purulenta denken.

[3]) Brugsch Wört. V. S. 462 „eine besonders reine Natronart".

[4]) Cfr. S. 136. Anm. 2.

[5]) Dick, stark, fett; Brugsch Wört. VII. S. 1251 „was das Gewöhnliche überschreitet".

[6]) Brugsch Wört. V. S. 93 „Pflanze, die mit dem Mond in Verbindung gebracht wird".

[7]) Eigentlich: nicht hinter es machen. L.

vor auf die Erde, so ist es eine Heilung (Genesung) des Ohres; (denn) es zerreisst durch das Hervorschiessen des Gottes šu [1]). Fällt es ihm nicht auf die Erde, so mach Du ihm Schlamm von der Grösse des Hervortretenden (der Geschwulst), es einschliessen in Milchsaft vom Sycomorenbaum, dass es sich mit seinem Blut verbinde; nicht Oel (oder) Honig dazu thun; schneide Du seine eine Hälfte ab, da man nicht will [2]), dass sein Blut (auch) von der andern Hälfte abfällt, dass es nicht vollständig verfault [3]).

Wenn du nachher erkennst, dass es sich verbunden hat, so mach Du für ihn:

Oel, Wachs

kochen und damit bepflastern; nicht viel nehmen.

Behandle Du ihm ebenso jedes Geschwür, das aufbricht. Wenn es in Fülle [4]) abgeht, so mach ihm einen Linnenverband aufgeknüpft um seinen Hinterkopf [5]) herum.

Was zu machen ist zur Behandlung des Geschwüres, das sich ins Ohr zieht. Es schwillt in seinem Innern an; (es ist) Materie des Geschwüres von dem Unflath seines Ohres mit Flüssigkeit wie Wasser von dem gegohrenen mesθâ-Getränk; geh rings um (das Geschwür) dasselbe mit dem Messer, bis soweit XCII. alles darin krank ist und mach ihm: XCII.

Oel, Honig

in sein Inneres Charpie aus Flachs eines Zeuges thun, damit bepflastern, damit es gesund werde.

Mittel für ein geweihtes Ohr, das von Eiter angegriffen ist:

Baumöl (?)	1
Weihrauch	1
seχepet-Körner	1

in das Ohr spritzen.

Ein andres:

seχepet-Körner	1
Weihrauch	1
Seesalz	ebenso.

Ein andres ein Ohr zu trocknen, das Flüssigkeit (von sich) giebt:

---

[1]) Gott der Luft.
[2]) Eigentlich: das Herz ist nicht dabei. L.
[3]) Die Uebersetzung dieses ganzen Abschnittes ist unsicher!
[4]) Zu reichlich. L.
[5]) Im Papyrus steht mâḫaef statt: mâkḫaef.

Mennige 1
Kümmel 1
Eselsohr 1
ḥätet[1])-Oel 1
Baumöl (?) 1 ẹbenso.

Mittel zur Vertreibung der Alopecie[2]) (?):
Stachel eines Igels
aufwärmen, in Oel mischen und dagegen geben.

Ein andres:
Mennige, Schaum von starkem Bier[3])
dagegen geben.

Nachdem es (durch ein Messer) kahl gemacht worden ist:
Zerriebene Papyruspflanze dagegen geben.

Ein andres:
Zerstückelte Figur, in Oel wärmen, Schreibfarbe in Wasser mischen; dagegen geben.

Ein andres:
Leinpflanze, ḥunnu-Pflanze
aufwärmen, in Oel und Wespenkoth mischen, in Eins reiben und dagegen[4]) geben.

Ein andres:
Erdöl[5]), das für die Person gut (?) ist; dagegen[4]) geben, damit sie augenblicklich weicht.

Ein andres zur Beschwörung der Alopecie (?):
O Strahlender, der Du oben schwebst! o χare! o Sonnenscheibe! o Beschützer des Gottes neb-âpt[6]). Zu sprechen über:
Mennige, Zwiebeln (?), Alabaster, årt-pet[7])-Körner, Honig
in Eins machen und dagegen[4]) geben.

Ein andres zur Vertreibung der Alopecie (?) im Kopf:

---

[1]) Cfr. Brugsch Wört. III. S. 934.
[2]) Lüring S. 44; ägyptisch: nesseq; Brugsch Wört. VI. S. 659 „stechen, beissen"; „auch von den kahlen Stellen des Kopfes".
[3]) „Bitterbier". L; eigentlich: ausgegohrenes Bier.
[4]) Nämlich: gegen die Krankheit.
[5]) Aegyptisch: ta-Flüssigkeit = Petroleum (?).
[6]) Beiname der Sonne.
[7]) Sterns Glossar S. 32: „coelo factum"; „ferrum".

Feigen	1/8
Sebesten	1/8
uam-Pflanze	1/8
Grüne Bleierde (?)	1/32
Weihrauch	1/64
Gänseschmalz	1/8
Süsses Bier (?)	1 denå

kochen, durchseihen und 4 Tage einnehmen.

Mittel die Balggeschwulst[1] (?) zu vertreiben:

Naturhonig, damit die Balggeschwulst einölen.

Mehl von Harz von Acanthus, Spähne von Pistacia terebinthus

damit 4 Tage bepflastern.

Ein andres. Mittel gegen ein Mal[2]:

Beeren von der t'as-Pflanze	1
måmer-Körner	1

zerstossen und von der Person zu nehmen, die ein Mal XCIII.
hat[3]):

Honig	1
Blatt von måmer-Körnern	1

zerstossen in Wasser, mit dem der Phallus gewaschen worden ist; damit eine Nacht bepflastern, damit es auf seinen Armen und seinen Gliedern verbleibt.

Mittel das Schreien (des Kindes) zu vertreiben:

Kapseln von der Mohnpflanze (?), Wespenkoth, der an der Mauer ist

in Eins machen, durchseihen und 4 Tage einnehmen; es hört sogleich auf. Es ist das Schreien des Kindes, das schreit[4].

Es beginnen die Mittel, zu bereiten für eine Frau, zu bewirken, dass die Frau das Empfangene ausleert im 1., 2., oder 3. Zeitabschnitt:

Frucht von Acanthus, Zwiebeln (?) und Datteln

---

[1]) Aegyptisch: meḥes.

[2]) Aegyptisch: ser = macula.

[3]) Hier ist die Verordnung mit rother Dinte geschrieben. Die Ueberschrift des folgenden Receptes fehlt; wahrscheinlich hat der Schreiber die letzten Worte noch im Gedächtnis gehabt und sie deshalb nicht wiederholt.

[4]) Eigentlich: „Was das Schreien betrifft, so ist es das Kind, das schreit"; d. h. es ist das Schreien des Kindes gemeint.

zermahlen, zerreiben in einem Gefäss mit Honig, Charpie damit besprengen und in ihre Vulva [1]) bringen.

Mittel ein Weib nicht krank sein zu lassen an ihrem Urin:

Seesalz	1/16	
mähetet [2])-Körner	1/8	
Süsses Bier	1/3	denâ
Honig	1/3	

in den Anus spritzen.

Ein andres den Anus zu kühlen:

Baumöl (?)	1
Oel	1
Zwiebelwasser (?)	1
Honig	1

in den Anus spritzen.

Ein andres zu machen für eine (Frau), die Abgekühltes entleert [3]):

Stücke von rothem Jaspis, sie nicht das Licht sehn lassen; in weisse Erde [4]) thun und sie in der Finsternis mit sehr viel Wasser besprengen; lass ein neues ändīt-Gefäss und einen neuen χenu-Krug mit Regenwasser ruhig stehn, bespritze diese Steine wieder, wenn der heilige Lucifer sich erhebt; und die Frau viele Tage darauf sitzen lassen. Lass dir einen neuen Thonkrug angefüllt mit Oel bringen; das Weib sich darauf setzen lassen 4 Tage.

Zu erkennen verdorbene Milch:

Sieh zu, ob sie riecht wie die Frucht (Eingeweide) vom meḥīt-Fisch.

Mittel die Gebärmutter [5]) eines Weibes an ihren Ort eintreten zu lassen:

Spähne vom Cederbaum in Hefe thun und eine Zeugplatte bestreichen; lass sie darauf sitzen.

Ein andres:

Erdöl mit peddu [6]) auf Honig stehn lassen und den Leib der Frau damit einreiben.

---

[1]) Aegyptisch: ât = uterus, vulva; cfr. Brugsch Wört. VI. S. 819.
[2]) Brugsch Wört. VI. S. 563 „Wunderfrucht".
[3]) Die Uebersetzung ist unsicher.
[4]) Aegyptisch: ta-ḥet', determinirt mit dem Hausplan; es scheint also eine bestimmte Localität damit gemeint zu sein. L.
[5]) Aegyptisch: met-ret = „Mutter der Menschen".
[6]) Wohl eine Art Mist. L.

Ein andres:

Den Ueberzug von Feuchtigkeit[1]), der sich in dem Schiffsholz findet[2]) (?) XCIV. in Hefe von ausgegohrenem Bier[3]) reiben und sie es trinken lassen. XCIV.

Ein andres:

Grüne Bleierde (?) 1 auf frischen Myrrhen stehn lassen und in ihre Genitalien thun; ein Kräutersäckchen mit Myrrhenöl besprengen und an der obern Hälfte derselben anbringen[4]).

Ein andres:

Trockene Menschenexcremente in Weihrauch thun; das Weib duckt[5]) sich über dasselbe und lässt den Dampf davon in das Innere ihres Geschlechtsorganes eindringen.

Ein andres:

Trockene Excremente, Schaum von Bier

die Finger der Frau damit reiben; bring es auf alle ihre Glieder gegen ihre Leiden[6]).

Ein andres den Uterus wieder an seinen Ort eintreten zu lassen:

Einen Ibis von Wachs auf Kohle thun; den Dampf davon in ihr Geschlechtsorgan eindringen lassen[7]).

Zu sehn ob die Milch gut ist:

Ist ihr Geruch wie Staubmassen von uāḥ[8])-Körnern, es ist ausgezeichnet[9]), wenn er gefunden wird.

Ein andres eine Frau niederkommen zu lassen:

Pfefferminz, die Frau sich darauf mit entblösstem Hintern setzen lassen.

Ein andres all und jedes, das im Leib einer Frau ist, fallen zu lassen:

---

1) Schimmel?

2) Die Uebersetzung ist unsicher!

3) „Bitterbier" L.; das Wort ḥeqt = Bier ist mit rother Dinte durchstrichen.

4) Ebers S. 24.

5) Aegyptisch: kep; Brugsch Wört. IV. S. 1491 „sich ducken, gewölbten Buckels sein".

6) Der Sinn dieser Worte ist unklar, ich vermuthe dass die so bestrichenen Finger auf den prolabirten Uterus gelegt werden sollten.

7) Cfr. Diosc. de mat. med. ed. Kühn. Vol. 26. S. 284.

8) Wohl eine Getreideart (?).

9) Aegyptisch: seθennu = Brugsch Wört. VII. S. 1158 „gross machen, vergrössern, erhöhen".

Scherbe eines neuen hennu-Gefässes, zermahlen in erwärmtem Oel und in ihre Genitalien giessen.

Ein andres:

Gut gereinigter Dattelsaft, Seesalz, Oel kochen, einnehmen, indem es nachher aufgewärmt wird[1]).

Ein andres ein Kind in dem Leib einer Frau zu lösen[2]):

Seesalz	1
Weisser Weizen	1
Weibliches Rohr[3])	1

den Unterleib damit bepflastern.

Ein andres:

Frisches Salz	1
Honig	1

durchseihen und 1 Tag einnehmen.

Ein andres:

besbes[4])-Körner	1
Weihrauch	1
Knoblauch	1
sert-Saft	1
Frisches Salz	1
Wespenkoth	1

in eine Kugel formen und in ihre Vulva thun.

Ein andres:

Weihrauch	1
Oel	1

den Leib damit bestreichen.

Ein andres:

Pfefferminz	1
genti[5])-Körner	1
Wein	1

durchseihen und 4 Tage einnehmen.

Ein andres:

---

[1]) Soll wohl heissen, dass es jedesmal aufgewärmt genommen werden soll.

[2]) Aegyptisch: sefeχ; Brugsch Wört. VII. S. 1048 „ablösen, loslösen, abschneiden, entbinden".

[3]) Diosc. de mat. med. Lib. I. Cap. 114. S. 111 „altera (arundinum species) femina".

[4]) Brugsch. Zeitschr. f. ägypt. Spr. 1881. S. 33. „Fenchel".

[5]) Brugsch VII. S. 1269 „Cassia".

Sebesten	1
sert-Saft	1

in ihre Vulva spritzen.

Ein andres:

Beeren vom uān-Baum	1
Pfefferminz	1
Fett vom Cederbaum	1

in eine Kugel formen und in ihre Vulva thun.

Ein andres:

Schwanz (?) einer Schildkröte	1
Schale vom Käfer	1
sefet[1])-Oel	1
sert-Saft	1
Oel	1

in Eins zermahlen und damit bepflastern[2]).

Der Beginn von den Mitteln die beiden Brüste[3]) (?) nicht fallen zu lassen: XCV.

Wenn sie von Blut überfliesst, und ihre Reinigung[4]) plötzlich kommt, so dass es (das Blut) über ihren Leib und ihre Füsse strömt, dass sie nicht die mesu[5])-Ḳrankheit bekomme.

Ein andres den Fluor nicht über die Jungfrau (?) kommen zu lassen:

Leber von der Schwalbe, getrocknet, in saurer Milch reiben; der Patientin auf ihre Brust, ihren Leib und alle ihre Glieder thun, an denen sie von mesu-Krankheit leidet[6]) (?).

Ein andres. Mittel gegen die kranke Brust[7]):

Galmei	1
Kuhhirn	1
Wespenkoth	1
Grüne Bleierde (?)	1

in Eins machen und 4 Tage damit die Brust einreiben.

Beschwörung für die Brust:

---

1) Ein heiliges Salböl.

2) Cfr. Diosc. de mat. med. Ed. Kühn Vol. 26. Lib. II. Cap. 78 und 79.

3) Aegyptisch: benti; Lüring S. 65 „Die Papillen der Brust"; Sterns Glossar S. 11 „ovaria uteri mulieris".

4) Aegyptisch: ḥesmen = Menstruation.

5) Brugsch Wört. VI. S. 645 „Fluss"; also Fluor (albus)?

6) Unsicher! vielleicht „wenn bei ihr der Fluor entstanden ist (?)".

7) Aegyptisch: mened oder mendu.

Die Brust ist dieselbe kranke (Brust) der Isis, die in der Stadt χebt die Götter šu und tefnet gebar. Sie hat für sie ihre Beschwörung gethan über

åat-Pflanze, Gesundheitskörner, über beqat [1]) des Rohres, über Haare der åbt-Pflanze, die herbeigeführt sind, um alle möglichen tödtlichen Krankheiten, soviel ihrer sind, zu vertreiben; ausführen beim Ausgiessen auf der linken Seite, machen gegen alle möglichen tödtlichen Krankheiten; keine Ausleerung, kein Jucken, keine Verblutung; verhüte, dass Augentriefen an Menschen entstehe.

Zu sprechen über

åat-Pflanze, über Gesundheitskörner, über beqat [1]) des Rohres, über Haare des Kopfes der åbt-Pflanze, es ausgiessen lassen auf der linken Seite, 7 Portionen machen und ihr geben [2]).

Mittel Geschwülste in der Vulva (Uterus) zu vertreiben:

Getrocknete χet'-Blätter in Hefe von starkem [3]) Bier auf ihre Weiche und ihren Leib bringen.

Ein andres gegen Fressen in der Vulva, das bennut [4])-Blasen in ihrer Scheide [5]) hervorbringt:

Frische Datteln	1
ḥekennu [6])-Körner	1
Stein von der Flussmündung	

zerreiben in Wasser, feucht stehn lassen und in ihre Vulva spritzen.

Ein andres:

Frische Datteln	1
Schweinegalle	1
genti [7])-Körner	1
Wasser	

feucht stehn lassen und in ihre Vulva spritzen.

---

[1]) „Der befruchtete Theil?“ L.

[2]) Die Uebersetzung dieses Abschnittes ist höcht unsicher!

[3]) „Bitterbier“ L.

[4]) Brugsch Wört. V. S. 434 „pustula“; der Stamm „rund oder kugelig sein“.

[5]) Aegyptisch: šed.

[6]) Aegyptisch: ḥekennu; Brugsch Wört. VI. S. 857 „köstlich, lieblich“.

[7]) Brugsch Wört. VII. S. 1269 „Cassia“.

Ein andres zu machen gegen die gent-Krankheit:

Kuhmilch, gekocht	1
Harz von Acanthus	1
genti[1])-Körner	1

in Eins zermahlen, feucht stehn lassen und in ihre Vulva spritzen; es kühlt.

Ein andres:

Frische Datteln	1	
Weisses Oel	1	
Harz von Acanthus	1	
Oel	1	
Wasser		ebenso.

Ein andres gegen Entstehn von Krankheiten in ihrer Schamlippe:

Knoblauch	1	
Grüne Bleierde (?)	1	
neḥedet[2])-Körner	1	XCVI.
Weihrauch	1	
Harz von Acanthus	1	
Kuhhorn	1	
ḥunta[3])-Körner	1	
Wasser	1	

in Eins machen und in ihre Vulva spritzen.

Ein andres gegen Stiche in der Vulva und gegen runde Pusteln[4]), die in ihrer Scheide entstanden sind:

χeper-ur-Körner	1 zerreiben in
Weihrauch-Wasser	1
genti[1])-Körner	1

in ihre Vulva spritzen.

Ein andres:

uāḥ[5])-Korn	1/8
Frische Datteln	1/8
Harz von Acanthus	1/8
genti[1])-Körner	1/32

---

[1]) Cfr. vor. Seite Anm. 7.

[2]) Ebers S. 189 „Zahnkrautkörner?"

[3]) Brugsch Wört. VI. S. 798 „besondre Pflanzenart, deren Dasein mit dem Hinterland von Apollinopolis in Verbindung gesetzt wird".

[4]) Aegyptisch: bentet; mit der Nebenbedeutung „rund, kugelig".

[5]) Wohl eine Getreideart (?).

Wasser	1/3
Eselsmilch	

feucht stehn lassen und in ihre Vulva spritzen.

Ein andres die Vulva (Uterus) zu kühlen und Entzündung darin zu vertreiben:

Dumpalmenfrucht zermahlen, Cyperus zermahlen in Oel und in ihre Vulva spritzen; es ist ein zusammenziehendes (Mittel) für die Vulva (den Uterus).

Ein andres:

Sesamum in Honig zermahlen und in ihre Vulva spritzen; es ist ein zusammenziehendes (Mittel).

Ein andres:

Weihrauch und Crocus in Kuhmilch zermahlen und zerreiben, durch ein Tuch durchseihen[1]) und in ihre Vulva spritzen; es ist ein zusammenziehendes (Mittel).

Ein andres die Vulva (den Uterus) zusammenzuziehen:

χeper-ur-Körner	1
Honig	1
Zwiebelwasser (?)	1
Milch	1

durchseihen und in ihre Vulva spritzen lassen.

Ein andres:

Wasser von mesϑá-Getränk in ihre Vulva spritzen.

Ein andres:

Saft von der neša[2])-Pflanze in ihre Vulva spritzen.

Ein andres:

Saft von qereqtu-Körnern in ihre Vulva spritzen.

Ein andres:

Pfefferminzwasser in ihre Vulva spritzen.

Mittel für die Menstruation[3]):

Knoblauch	1
Wein	1

in Eins machen und in ihre Vulva spritzen.

Ein andres:

Harz von Acanthus	1

---

[1]) Aegyptisch: sekepu = Brugsch Wört. VII. S. 1142 „durch ein Sieb seihen, durchseihen".

[2]) Brugsch Wört. VI. S. 698 „Gerste"; Stern liest: mu nu ša = Saft von Coriander; im Papyrus steht: mu nu neša.

[3]) Eigentlich: das Blut einem Weibe herauszuziehen.

Baumöl (?)	1
Trocknes Oel	1
paχestät-Pflanze	1
Beere von θeḥui-Körnern	1
Honig	1

in ihre Vulva spritzen.

Ein andres:

besbes [1])-Körner	1/8
Honig	1/8
mähetet [2])-Körner	5/6
Süsses Bier	1/3

4 Tage in ihre Vulva spritzen.

Wenn Du ein Weib untersuchst, es geht etwas von ihr ab wie Wasser, dessen [3]) Bodensatz wie warmes Blut ist, so sag Du ihr: „es ist die aχāt [4])-Krankheit in ihrer Vulva." Mach Du für sie Jaspis, der Wasser anzieht; reiben in Honig und Collyrium, Charpie von Leinwand damit bestreichen und 4 Tage in ihre Vulva thun.

Wenn Du ein Weib untersuchst, das ein Uebel an der einen Seite [5]) ihres Leibes hat, so sag Du zu ihr: „nicht ist sie offen für ihre Menstruation". Nachdem er seinen Kopf gegeben [6]), mach Du für sie:

zerstossenen Knoblauch, šebet-Brod, Spähne vom Cederbaum XCVII.

den Leib damit bepflastern.

Wenn Du ein Weib untersuchst, das viele Jahre gelebt hat, ohne dass ihre Menstruation bei ihr eingetreten ist, sie bricht etwas wie Schaum aus, und ihr Leib ist, wie wenn Feuer darunter wäre, aber sie erholt sich wieder nach dem Brechen, so sag Du zu ihr: „es ist ein Steigen von Blut in ihre Vulva (ihren Uterus). So-

---

[1]) Brugsch. Zeitschr. f. ägypt. Spr. u. Alterth. 1881. S. 33. „Fenchel".
[2]) Brugsch Wört. VI. S. 563 „Wunderfrucht".
[3]) Bezieht sich auf etwas.
[4]) Brugsch Wört. V. S. 17 „kratzen, ritzen, zerkratzen".
[5]) Aegyptisch: ḥert = Weg, Richtung, Ausgang.
[6]) Bedeutet vielleicht: nachdem der Arzt die Krankheit genau untersucht hat. L.

bald sie ihre Beschwörung gesprochen . . . . .[1]) und den Beischlaf (ausgeübt hat), mach Du für sie:

Beere vom uān-Baum	$^1/_{32}$
Kümmel	$^1/_{64}$
Weihrauch	$^1/_{64}$
uāḥ[2])-Körner	$^1/_{16}$

setze Du Kuhmilch auf Feuer mit Schenkeltalg; dazu Milch thun und 4 Tage lang einnehmen.

Ein andres. Mittel gegen Entzündungsschmerzen[3]) um die Vulva (Uterus):

Kuhgalle	1
genti[4])-Körner	1
Oel	1

in Eins machen und in ihre Vulva spritzen.

Ein andres das zu machen ist, um in den Uterus hineinzukommen:

Getrocknete Beeren von der χeneš-Pflanze, zermahlen, zerreiben und darein thun.

Milch zu schaffen in eines Weibes Brust, um ein Kind zu säugen:

Gräten vom χra[5])-Fisch, in Oel erwärmen und ihr Rückgrat damit bestreichen.

Ein andres:

Wohlriechendes Brot von fauler (gesäuerter) Durra, den Arm ihres Feuers (des entzündeten Kanals (?)) in χesau[6])-Kraut machen (?); zu essen von der Frau, indem sie mit untergeschlagenen Beinen sitzt.

Ein andres. Prognose für ein Kind am Tage, an dem es geboren wird:

Wenn es nī[7]) sagt (schreit), wird es leben; wenn es bå[8]) schreit, wird es sterben.

---

[1]) Hier ist im Papyrus eine kleine Lücke mit Unterbrechung des Textes.

[2]) Wohl eine Getreideart (?).

[3]) Aegyptisch: seftu = Brugsch Wörterb. VII. S. 1045 „schneiden, glatt machen; Messer, Schwert"; eigentlich also: Stiche der Entzündung.

[4]) Brugsch Wört. VII. S. 1269 „Cassia".

[5]) Brugsch. Zeitschr. f. ägypt. Spr. 1881. S. 38 „Schwertfisch?"

[6]) Brugsch Wört. VI. S. 971 „Mohnpflanze".

[7]) Brugsch Wört. VI. S. 661 „Klagegeschrei".

[8]) Brugsch Wört. V. S. 408 „Laut den Kinderschrei ausdrückend".

Andre Voraussage:

Wenn es ein starkes Klagelied hören lässt, wird es sterben; wenn es sein Gesicht herabsenkt, wird es darauf sterben.

Es beginnen die Mittel, um Ungeziefer aus dem Hause zu vertreiben:

Befeuchte Du es mit Natronwasser, damit es fortgeht.

Ein andres:

bebet-Pflanze in Kohle zermahlen und das Haus sorgfältig damit bestreuen, damit es fortgeht.

Ein andres den ḥefu-Wurm nicht aus dem Loch hervorkriechen zu lassen:

Getrockneter ánt-Fisch (wird) in den Eingang seines Loches gebracht, nicht wird er daraus hervorkriechen.

Ein andres:

Natron in den Eingang des Loches thun, nicht wird er hervorkriechen.

Ein andres:

Eine Knoblauchkugel in den Eingang des Loches thun, nicht kriecht er aus.

Ein andres die Wespen nicht stechen zu lassen:

Fett von gennu[1]-Vogel, damit einreiben.

Ein andres nicht stechen zu lassen XCVIII. die XCVIII.
Taranteln:

Frisches Baumöl (?), damit einreiben.

Ein andres Mäuse von Sachen fern zu halten[2]:

Katzenfett auf alles Mögliche thun.

Ein andres den Taubenfalken nicht stehlen zu lassen:

Einen Stab von Acanthus aufstellen lassen; die Person sage: „O Horus, er (der Falke) stiehlt in Stadt und Garten; er durstet nach dem Garten; flieg zu, koch und iss ihn.“ Zu sprechen über den Acanthusstab; Zuckerkuchen darauf thun; er ist es, der den Falken nicht stehlen lässt[3].

Ein andres die Nagethiere Durra im Kornspeicher nicht fressen zu lassen:

Gazellenexcremente auf Feuer thun in dem Kornspeicher, seine Wand und seinen Fussboden mit ihren (der Mäuse) Ex-

---

[1] Brugsch Wört. VII. S. 1299 „der Vogel coracias garrula“.

[2] Eigentlich: nicht nähern, herantreten lassen.

[3] Sind die Worte gesprochen über . . . ., so kannst Du Kuchen darauf thun, und er wird den Falken nicht stehlen lassen.

crementen und mit Urin bedecken[1]); das wird nicht zulassen, dass die Durra gefressen wird.

Ein andres zu machen, (um) die Scorpione zu tödten:

Eine Eidechse auf Feuer thun, um sie zu tödten.

Was geschehn muss eine Eidechse zu tödten:

Einen Scorpion auf Feuer thun, um sie zu tödten.

Kyphi[2]) zu brauchen, um den Geruch des Hauses oder der Kleider angenehm zu machen:

Trockene Myrrhen, Wachholderbeere, Weihrauch, Cyperus, Aloë-Holz, šebet[3])-Harz, Calmus vom Lande t'ahi (in Asien), īnekuun-Körner, Mastix (?), Saft von niīuben-Baum[4])

zermahlen, zerreiben, in Eins machen und davon auf Feuer thun.

Ein andres für die Frauen daraus zu machen:

Diese Ingredienzien nach jener Vorschrift auf Honig thun, kochen, mischen, zu Kügelchen formen; sie sollen mit ihnen räuchern. Es ist auch zuträglich, dass sie Mundpillen daraus machen, um den Geruch ihres Mundes angenehm zu machen.

XCIX. Der Beginn des Geheimbuches des Arztes, die Kenntnis vom Gang des Herzens und die Kenntnis vom Herzen. In ihm sind die metu[5]) zum ganzen Körper. Was diese betrifft, so stösst auf sie ein jeder Arzt, ein jeder seχet-Priester, ein jeder Zauberer[6]), wenn er seine Finger legt auf den Kopf, auf den Hinterkopf, auf die Hände, auf die Magen-(Herz)gegend, auf die beiden Arme, auf die Beine; überall betastet er ihm das Herz, denn seine metu[5]) (laufen) zu allen seinen Gliedern; deswegen wird es genannt das Centrum der metu[5]) aller Glieder.

---

[1]) Die Uebersetzung ist unsicher!

[2]) Cfr. Diosc. de mat. med. Lib. I. Cap. 24: 10 Substanzen;
Plutarch „Isis und Osiris" herausgegeben von Parthey. Cap. 81. S. 143: 16 Substanzen;
Nicolai Myrepsi Alexandrini medicamentorum opus, von Leonhard Fuchs. Basel 1549:
Cap. 298 S. 92: „Antidotus Cyphi ex quinquaginta speciebus composita"; Cap. 299: „alia confectio Cyphi ex rebus viginti octo constans".

[3]) Brugsch Wört. VII. S. 1175 „thus, suffimentum".

[4]) Brugsch Wört. VI. S. 661 „Styrax".

[5]) Gefässe; cfr. S. 136 Anm. 2.

[6]) Cfr. Piehl. Zeitschr. f. ägypt. Spr. 1880 S. 130.

Es sind 4 Gefässe in den beiden Nasenlöchern, wovon 2 Schleim und 2 Blut geben.

Es sind 4 Gefässe im Innern der beiden Schläfen; nachdem sie den Augen Blut gegeben haben, entsteht allerhand Krankheit[1]) der Augen durch sie, dadurch dass sie zu den Augen offen sind; wenn Wasser aus ihnen heraustritt, so geben es die beiden Pupillen der Augen; oder (nach einer andern Ansicht) der Schlaf in den Augen ruft es hervor.

Es sind 4 Gefässe, die sich im Kopf theilen und in dem Hinterkopf sich ausbreiten, die nachher eine grosse Masse Haar schaffen (hervorbringen); es ist ihre (der Haare) Schöpfung nach oben[2]). Wenn der Hauch in die Nase geht, dringt er zum Herzen und zum Mastdarm hin; sie (die letztgenannten Gefässe) geben dem Leib reichlich (davon). Wenn man darunter etwas hört, so bewirken es die 2 Gefässe[3]), die nach dem Jochbein leiten; oder wenn man sie darunter vernimmt, so sind es diese, die in dem oberen Backenknochen einer Person sind, indem es der rauhe Wind ist, der in der Person schneidet, wenn er für sich den Hauch davon einathmet. Oder wenn das Herz Wasser einsaugt, so schwinden seine Glieder ganz dahin. Wenn das Herz getroffen[4]) ist, so ist es das Gefäss, „der Fasser“ ist sein Name, das es macht; es giebt Wasser zum Herzen oder zum Auge, wenn es verstopft (verschlossen) ist. Wenn er hört durch die Oeffnung seines Mundes, so zeigen sich alle seine Glieder betäubt, nachdem Verwirrung (Nebel) darin sein Herz ergriffen hat. Wenn der Zorn im Herzen entsteht, so ist es eine Aufwallung bis zu den Theilen des Mastdarmes und der Leber, C., sein Ohr richtet sich auf[5]), seine C.
Gefässe fallen, nachdem ihre aufwallende Hitze alles aufgelöst hat.

Es sind 4 Gefässe zu seinen 2 Ohren und (zwar) 2 zur rechten und 2 zur linken Seite. Lebenshauch geht ins rechte Ohr und Todeshauch ins linke; oder (mit andern Worten): (Lebenshauch) geht in die rechte Seite, Todeshauch geht in die linke.

Es sind 6 Gefässe, die zu den beiden Armen führen,

---

[1]) Aegyptisch: χaït; cfr. S. 40 Anm. 3.
[2]) Die Uebersetzung dieses letzten Satzes ist ganz unsicher!
[3]) Hier steht met 2, nicht der Pluralmetu.
[4]) Aegyptisch: šes; Brugsch Wört. VII. S. 1204 „ictus, plaga“.
[5]) Eigentlich: rollt, kreist. L.

3 zum rechten, 3 zum linken und sie führen (bis) zu seinen Fingern hin.

Es sind 6 Gefässe, die zu den beiden Füssen führen, 3 zum rechten, 3 zum linken; sie reichen herab bis zu der Fusssohle.

Es sind 2 Gefässe zu seinen beiden Hoden, die den Samen geben. Es sind 2 Gefässe zu den Nieren, eins zu der einen Niere, das andre zu der zweiten (Niere).

Es sind 4 Gefässe zur Leber, die ihr Feuchtigkeit und Luft zuführen; nachher bewirken sie Entstehn von allerhand Krankheit[1]) darin, indem sie mit Blut gemischt sind.

Es sind 4[2]) Gefässe zum Mastdarm und zur Milz, die ihr ebenfalls Feuchtigkeit und Luft geben.

Es sind 2 Gefässe zur Blase, die den Urin geben.

Es sind 4 Gefässe, die in den After auslaufen[3]); sie geben und bringen in ihm hervor Feuchtigkeit und Luft; sodann öffnet sich der After jedem Gefäss auf der rechten und linken Seite bis in die Füsse hin[4]) und vermischt sich mit Excrementen.

Wenn das Herz betrübt ist, so ist das die Wortkargheit des Herzens, oder die Gefässe des Herzens sind verschlossen, indem sie unter Deinen Händen nicht erkennbar sind; es wird Wasser und Luft voll in ihnen (sie werden voll von Wasser und Luft).

Wenn das Herz Ekel empfindet, so ist es die Bitterkeit des Herzens auf Grund von Entzündung am After; Du findest es gross, und es bildet sich etwas in seinem ro-âb wie im Auge.

Wenn sein Herz sich ausbreitet, so sind des Herzens Gefässe mit Excrementen.

Wenn irgend eine deḥert[5])-Krankheit in das linke Auge hineingeht und im Nabel (?) hervortritt, so ist es der Hauch der Handöffnung[6]) des Priesters, den das Herz in seine Gefässe hineingehn lässt; Feuer jeder Art ist in seinem Fleisch (verschlossen), das Herz ist ihm krank davon, weil das Feuer

[1]) Aegyptisch: χaït; cfr. S. 40 Anm. 3.
[2]) Die Zahl 4 ist mit schwarzer Dinte dazwischen geschrieben.
[3]) Eigentlich: sich öffnen.
[4]) Eigentlich: indem er sich erstreckt bis.
[5]) Brugsch Wört. VII. S. 1373 „putredo; malum, peiorem fieri".
[6]) Der Hauch, der durch die hohle Hand gehaucht wird (?). L.

hervortritt, und die Gefässe seines Herzens ihm gänzlich den Dienst versagen.

Wenn ihre Kleider sie beschweren, so ist es die deḥert-Krankheit[1]; wenn seine deḥert-Krankheit[2] sich erhebt, so ist sie gefährlich (in Fülle vorhanden)[3]. CI.

Wenn das Herz krank ist, so ist es eine Beängstigung[4] im Herzen, oder es ist ein (Blut)überfluss (?) im Herzen, der entsteht, herunterfällt und sich seinem Zwerchfell[5] (?) nähert, indem sein Herz einen Ekel fühlt.

Wenn es die mast[6]-Krankheit des Herzens ist, so ist es Engbrüstigkeit, sein Herz hat auf seinem Platz von dem After Blut, das unter der Krankheit ein wenig hervortritt, es ist ein Fieber des Herzens; wird sein Herz unter der Krankheit etwas ruhig, so isst er, aber nur wählerisch.

Wenn das Herz sich verzehrt, so ist es eine Ansammlung von Blut im Herzen. Wenn es die mas-Krankheit des Herzens durch uχedu ist, so ist sein Herz klein im Innern seines Bauches; die uχedu fallen auf sein Herz (befallen sein Herz); er ist àat-krank, er ist mas-krank.

Wenn es Schwäche (Bitterkeit) in Folge von Alter[7] ist, so sind es uχedu an seinem Herzen. Wenn es eine Erhebung des Herzens ist, so hebt es sich an seiner linken Brust, es hebt sich auf seinem Fett[8], es flieht von seinem Platze, es sind seine Fettschichten auf seiner linken Seite, um sich in seiner Schulter zu sammeln.

Wenn die deḥer[1]-Krankheit seines Herzens häufig auftritt, so ist es sein Herz, das schwimmt und nach unten sinkt, es ist nicht an seinem Platz.

Wenn sein Herz an seinem (rechten) Platz ist, so befindet sich das Fett des Herzens in seiner linken Seite, es

---

1) Brugsch Wört. VII. 1373 „putredo; malum, peiorem fieri“.
2) Cfr. S. 182 Anm. 5.
3) Die Uebersetzung ist ganz unsicher!
4) Eigentlich: Bedrücken des Herzens im Herzen.
5) Aegyptisch: šat; Brugsch Wört. VII. S. 1228 „praecordia?“
6) Brugsch Wört. VI. S. 543 „der zum Sitzen dienende Theil des Körpers“.
7) Alterschwäche.
8) Aegyptisch: mäket; Brugsch Wört. VI. S. 573 „die das Herz umgebende, schützende Fettmasse“; Lüring S. 76 „Pericardium“, eigentlich „Unterlage“.

steigt nicht nach oben, und es fällt nicht nach unten, heil[1]) bleibt es auf seinem Platze.

Wenn sein Herz zittert und viel Fett unter seiner linken Brust ist, so ist es sein Herz, das ein wenig des Heruntersinkens bewirkt[2]), indem seine Krankheit[3]) sich ausbreitet.

Wenn sein ro-àb klopft, so ist das die Grösse seines ro-àb[4]); wenn der Mund glüht und matt wird[5]), und das Herz müde wird, so ist es ein Feuer, das eindringt auf sein
CII. Herz; es ist sein Herz, das von Hitze brennt, wie eine Person, welche Mattigkeit befällt.

Wenn sein Herz (Magen) Ekel empfindet, wie eine Person, welche die (Stier)früchte des Sycomorenbaumes gegessen hat, so ist es eine Verhüllung[6]) seines Herzens, wie eine Person, welche die (Stier)früchte des Sycomorenbaumes gegessen hat.

Wenn das Herz elend ist und das Herz ausser sich gerathen ist, so bewirkt es der Hauch der Handöffnung[7]) des ḥeb-χer-Priesters[8]); er (der Hauch?) dringt in den Mastdarm hinein, dergestalt, dass das Herz hervortritt und sich unter der Krankheit verirrt.

Wenn Trockenheit sein Herz befällt, so ist es die Trockenheit des Feuers, die sein Herz befällt; er seufzt häufig auf[9]), und sein Herz wird von Zorn gefressen; es geschieht das dadurch, dass sein Herz voll von Blut ist, was wieder daher kommt, dass er Wasser getrunken und schlechte Speisen warm gegessen hat.

Wenn sein Herz trübselig ist und Trübnis geschmeckt hat, so ist sein Herz eingeengt, und Finsternis ist in seinem Leib in Folge von Zorn, was dergestalt wirkt, dass er sein Herz frisst.

---

[1]) Aegyptisch: mäχer; eigentlich „als Sieger" Brugsch Wört. V. S. 535.

[2]) „Das klein macht und heruntersinkt" L.

[3]) Cfr. S. 40 Anm. 3.

[4]) D. h. „die Anschwellung des ro-àb bewirkt es".

[5]) „Matt glüht" L.

[6]) Verwirrung, Unordnung?

[7]) Der Hauch, der durch die hohle Hand gehaucht wird (?). L.

[8]) Sterns Glossar S. 15 „Colchites".

[9]) „Er jammert (klagt) häufig". L.

Wenn sein Fleisch ganz verdorrt ist wie das stillstehende Herz einer Person, die den Weg[1]) gefunden hat, so ist es sein Fleisch, das darunter[2]) unbeweglich geworden ist, wie das unbewegliche Fleisch einer Person, die in die Weite[3]) gegangen ist.

Wenn es das Schicksal[4]) ist, nach oben zu gehn (sterben?), so ist es sein Herz, das bestimmt (sich windet), nach oben zu gehn.

Wenn sein Herz überfüllt ist, so geräth sein Herz ausser sich, wie es in einer andern Abhandlung dargestellt ist[5]).

Anfang des Buches vom Vertreiben der uχedu in allen Gliedern einer Person, sowie es in einer Schrift unter den Füssen des Gottes Anubis in der Stadt Letopolis gefunden wurde; es wurde zu Sr. Majestät dem König von Ober- und Unterägypten Usaphaïs, dem Gestorbenen, gebracht[6]). CIII.

---

[1]) Aegyptisch: ḥert = Brugsch Wört. VI. S. 832 „Weg, Ausgang"; hier wohl „Tod".

[2]) Unter der Krankheit.

[3]) „Dahin gegangen, gestorben ist?" L.

[4]) Brugsch Wört. VI. S. 663: „sich winden, umwinden".

[5]) Die Uebersetzung der letzten Tafeln ist vielfach unsicher; wir haben sie dennoch nicht zurückhalten wollen in der Hoffnung, dass man mit der ersten Uebersetzung Nachsicht haben wird.

[6]) Im medicinischen Papyrus von Berlin (cfr. Brugsch, Allgemeine Monatsschr. für Wissensch. und Lit. 1853. S. 44-56; Brugsch, Notice raisonnée d'un traité médical etc. Leipzig; Chabas. Mélanges égyptol. Série I. Paris 1862; Brugsch, Recueil de Monuments égyptiens". II. Tafel 85-107), der zum Theil denselben Inhalt wie der Papyrus Ebers hat, indes bei weitem nicht so umfangreich und so gut erhalten wie jener ist, wenn er auch in einzelnen Parthien ausführlicher ist, lautet der zugehörige Abschnitt folgendermassen (cfr. Recueil Tafel 99): „Beginn des Buches vom Vertreiben der Krankheiten, gefunden in einer alten Schrift in einer Kiste mit Schreibsachen unter des Gottes Anubis Füssen in Letopolis unter Sr. Majestät des ägyptischen Königs Usaphaïs Regierung. Nachdem er gestorben war, wurde das Buch zu Sr. Majestät dem König von Aegypten, Sent, auf Grund seiner Vortrefflichkeit gebracht." Der hier genannte Usaphaïs war der 5. König der I. Dynastie und regierte um 3700 v. Chr. Man sieht also, dass die Aegypter die Abfassung ihrer medicinischen Schriften in dic graue Vorzeit verlegten. Einen ähnlichen Bericht liest man in einem medicinischen Papyrus, der im British Museum aufbewahrt wird (cfr. Zeitschr. f. ägypt. Spr. 1871 S. 61 und Zeitschr. der Deutsch. morgenl. Gesellsch. Bd. 31. S. 451): „Dieses Arzeneibuch wurde, während die Nacht herabfiel, in den

Der Mensch hat 12 Herzgefässe[1]), die sich nach allen seinen Gliedern ausbreiten. Es sind 2 Gefässe in ihm in seiner Brustgegend, die Entzündung im After bewirken. Zu machen dagegen:

Frische Datteln, Blätter von der Ricinuspflanze, Früchte von der Sycomore

in Eins stossen in Wasser, durchseihen und 4 Tage lang einnehmen lassen.

Es sind 2 Gefässe in ihm zum Schenkel. Wenn er an seinem Schenkel leidet, und seine beiden Schenkel zittern, so sag Du dazu: „es ist dieses ein Gefäss, das zu seiner Schenkelgegend führt, das ihm die Krankheit aufgenommen[2]) hat;" zu machen dagegen:

Frische Milch, Absynth, Natron

in Eins kochen und von der Person 4 Tage zu trinken.

Wenn er an seinem Halse krank ist und Schmerzen an seinen beiden Augen hat, so sag Du dazu: „es sind dies die Gefässe seines Halses, welche die Krankheit aufgenommen haben;" zu machen dagegen:

χet'-Baum-Saft, eines Ackerbauers Harn (?) Wachholderbeere, Beeren von der šames-Pflanze

in Honig mischen, auf seinen Hals thun und 4 Tage damit bepflastern.

Es sind 2 Gefässe in ihm zu seinem Arm. Wenn er an seinem Arm leidet, und seine Finger zittern, so sag Du dazu: „es sind (Drüsen) Anschwellungen"; dagegen zu brauchen:

Fischleim (?) in Bier und t'as-Pflanze oder Fleisch in

Tempelhallen in Tebmut im Sanctuarium der Göttin durch eines Priesters Hand, der im Tempel angestellt war, gefunden. Siehe derNacht Finsternis breitete sich über die Erde aus, aber der Mond warf sein Licht auf alle Seiten jenes Buches, und es wurde zu Sr. Majestät, des ägyptischen Königs χufu, Schatzkammer gebracht." Der hier genannte König, der Cheops Herodots, der die grosse Pyramide gebaut hat, regierte wie bekannt, um 3000 v. Chr. Nun soll nicht behauptet werden, dass diese Berichte streng historisch sind; indes das beweisen sie doch deutlich, dass die medicinischen Papyrusrollen, die wir besitzen, unter welchen mindestens die eine, nämlich unser Papyrus Ebers, vor 1550 v. Chr. geschrieben ist, nicht Originale sind, sondern nur Kopieen von älteren Texten. L.

[1]) Wörtlich: was den Menschen betrifft, so sind 12 Gefässe in ihm zu seinem Herzen.

[2]) Eigentlich: ergriffen hat. L.

Wassermelone und seine Finger bepflastern, damit er gesund werde.

Es sind 2 Gefässe in ihm zu seinem Hinterkopf; es sind 2 Gefässe in ihm zu seinem Vorderkopf; es sind 2 Gefässe in ihm zu seinem Auge; es sind 2 Gefässe in ihm zu seiner Augenbraue; es sind 2 Gefässe in ihm zu seinem Nasenloch; es sind 2 Gefässe in ihm zu seinem rechten Ohr, und Lebenshauch geht durch sie ein; es sind 2 Gefässe zu seinem linken Ohr und Todeshauch geht durch sie ein. Sie kommen in ihrer Gesammtheit von seinem Herzen und vertheilen sich in seine Nase, sich sammelnd in ihrer Gesammtheit in seinen beiden Hinterbacken. Es entstehen die Krankheiten des Afters durch sie bei der Ausleerung; sie werden herbeigeführt durch die Schenkelgefässe von Anfang bis zum Tod.

Lehre vom Gewächs[1]) im Hals eines Patienten.

Wenn Du dieses im Halse eines Patienten triffst mit Belästigung CIV. der ätut, welche vorn sind und Du findest es, als CIV.
wenn es eine Decke darin hätte, es ist weich unter Deinen Fingern, und es ist etwas darauf wie Korn, so sag Du dazu: „er hat ein Gewächs[1]) von Fett mit Belästigung der ätut in seinem Halse (dem Halse des Patienten).“ Ich werde die Krankheit[2]) behandeln. Mach Du dagegen die Mittel, welche ihr Weggehen veranlassen durch lindernde Mittel:

sa[3]) Körner, teun-Pflanze, Wespenblut, Rindsgalle, Seesalz, Bohnenmehl läst

zermahlen und 4 Tage damit bepflastern.

Lehre vom Gewächs[1]), das in Verbindung mit Belästigung der uχedu (in jedem beliebigen Körpertheil einer Person[4]) entsteht.

Wenn Du ein Gewächs[1]) triffst, das in Verbindung mit Belästigung der uχedu entstanden ist, Du findest es wie Bohnen, kranke Beulen[5]) entstehen auf seiner Haut, freilich nicht

---

[1]) Aegyptisch: ḫunḫunt; Sterns Glossar S. 16. „tumor scrophulosus, struma.“

[2]) Eigentlich: er ist krank, ich werde (ihn) behandeln.

[3]) Ebers S. 94 „Natron oder Salpeter“.

[4]) Am Rande ist hier mit rother Tinte von oben nach unten: m ăt nebt n se hinzugefügt.

[5]) Lüring S. 36 „offene Geschwüre“.

gross; wenn der Patient krank ist an (Wund)eiter[1]) innen in seinem Körper, so sag Du dazu: „er hat ein Gewächs[2]) deruχedu, das (Wund)eiter entwickelt.“ Ich werde die Krankheit behandeln[3]). Mach Du dagegen die Mittel, die von Pusteln[4]) befreien und Eiter[1]) ausziehen:

teun-Pflanze, ϑeḥui-Beeren, Wespen(blut[5])), Seesalz, Wassermelone, ḥemit-Körner, Pulver von āmāā-Pflanze, Bohnenmehl, Rinderfett, Wachs

kochen und damit bepflastern, damit er gesund werde.

Lehre vom Gewächs[2]), das in Verbindung mit Belästigung der ātut, worin Eiter ist, entsteht.

Wenn Du ein Gewächs[2]) an der Kehle eines Patienten triffst, das in Verbindung mit Belästigung der ātut, worin Eiter ist, in einem beliebigen Körpertheil einer Person entstanden ist, und Du findest seine Spitze hoch aufgerichtet gleich einer Warze[6]), der Eiter bewegt sich darin, so sag Du dazu: „er hat ein Gewächs[2]) in seiner Kehle, der Eiter bewegt sich darin.“ Ich werde die Krankheit behandeln[3]). Mach Du dagegen die Mittel der Heilung (?)[7]) durch (folgende) Mittel:

Knoblauch, Palmensaft, ϑeḥui-Körner, Kümmel, Seesalz, Hefe, Bohnenmehl, Beere von šames-Pflanze, Honig, ȧber[8])-Oel

in Eins mischen und 4 Tage lang damit bepflastern, damit er
CV. gesund werde.

Lehre vom Fett-Gewächs[2]) in seiner Kehle.

Wenn Du ein Fett-Gewächs[2]) in seiner Kehle triffst und findest es wie ein Abcess[9]) des Fleisches,

---

1) Aegyptisch: tīt = Brugsch Wört. VII. S. 1311 „Absonderung schmutziger Art, Koth“.

2) Cfr. S. 187 Anm. 1.

3) Cfr. S. 187 Anm. 2.

4) Aegyptisch: tuau; Brugsch Wört. VII. S. 1313 „Erhebung, Anschwellung“.

5) Hier ist wohl aus Versehn senef = Blut ausgelassen.

6) Aegyptisch: mened = „Weiberbrust“; Brugsch Wört. VI. S. 615.

7) Eigentlich: welche es krank machen, bekämpfen (?).

8) Ein heiliges Salböl.

9) Aegyptisch: seχen = Brugsch Wört. VII. S. 1109 „Geschwür, heiss sein“; cfr. S. 42 Anm. 4.

der unter Deinen Fingern erreicht ist, ...[1]), so sag Du dazu: „er hat ein Fett-Gewächs[2]) in seiner Kehle.“ Ich werde die Krankheit mit dem Messer behandeln, indem ich mich vor den Gefässen in Acht nehme. Mach Du dagegen ein Pflaster als Heilmittel[3]), das von Pusteln[4]) befreit:

teun-Pflanze, ϑeḥui-Körner, Beere von šames-Pflanze, Blut vom neḥur-Vogel, Wespenblut, šaša[5])-Stücke, Honig, āmamu-Pflanze, Bleivitriol (?), Seesalz

zermahlen, in Eins machen und damit bepflastern.

Lehre vom Eiter-Gewächs[2]) im Halse eines Patienten.

Wenn Du ein Eiter-Gewächs[2]) im Halse eines erwachsenen Mannes triffst; es bildet eine Erhöhung, bringt Fleischmassen von Eiter hervor und dauert Jahre oder Monate; Eiter (?) tritt daraus hervor wie das Flüssige von einem behāu[6])-Fisch oder einem grossen Scorpion (?), so sag Du dazu: „er hat ein Eiter-Gewächs[2]).“ Ich werde mit der Krankheit kämpfen. Mach Du dagegen die Mittel, die Pusteln[4]) von seinem Halse ziehen:

Wachs, Kuhfett, χet'-Pflanze, Schreibfarbe, teun-Pflanze, Kümmel, Kupferspähne, Grünspan, Mörtel von χent (grüner Bleierde (?)), Seesalz, Gänsefett, Beere von Weihrauch, Collyrium

kochen und den Hals damit bepflastern.

Lehre vom Gewächs[2]) der ātut, das viele Tage gedauert hat.

Wenn Du ein Gewächs[2]) der ātut triffst, das viele Tage gedauert hat, es ist Schmutz darin, es macht fettige Anschwellungen, und die grössere Hälfte davon ist heiss, so sag Du dazu: „er hat ein Gewächs[2]) der ātut, das Ansammlungen von Eiter gemacht hat. Es hat sich Schmutz darin gebildet und er ist heiss darunter.“ Ich werde mit der Krankheit kämpfen.

---

[1]) Hier fehlt etwas im Text.

[2]) Cfr. S. 187 Anm. 1.

[3]) Wörtlich: Mach Du dagegen die Mittel, welche es durch ein Pflaster heilen.

[4]) Cfr. S. 188 Anm. 4.

[5]) Brugsch. Wört. VII. S. 1226 „Kuchen aus zusammengepressten Rosinen“.

[6]) Brugsch. Wört. V. S. 443 „Stachelfisch.“

Mach Du dagegen die Mittel, die es heilen, dadurch dass (folgende) Mittel es vertreiben:

CVI. Getrocknetes Blut, Kümmel, Oel, Zwiebeln (?), Harz von Acanthus, Früchte und Nüsse von Acanthus[1]), Seezunge-Körner, Kupferkohle

zu einer Kugel machen.

Lehre vom Tumor des Fleisches in jedem beliebigen Körpertheil einer Person.

Wenn Du einen Tumor des Fleisches in einem beliebigen Körpertheil einer Person triffst und Du findest ihn wie Haut an seinem Fleisch; er ist feucht, er geht und kommt[2]) unter Deinen Fingern, ausgenommen (die Finger) werden ruhig gehalten[3]), denn die Bewegung entsteht dadurch (durch die Finger); so sag Du dazu: „es ist ein Tumor des Fleisches.“ Ich werde die Krankheit behandeln, indem ich versuche es mit Feuer zu heilen, wie der sa-ḥemem[4]) heilt.

Lehre vom Haut-Tumor (bekleideten Tumor) an dem äussersten Punkt seines Leibes.

Wenn Du einen Haut-Tumor (bekleideten Tumor) an dem äussersten Punkt seines Leibes oberhalb seines Geschlechtsorganes[5]) triffst, so leg Deinen Finger darauf, untersuche seinen Leib und palpire mit Deinen Fingern; lässt Du seine Speise entleert werden und es geschieht in Verbindung mit Uebelkeit von ihm, so sag Du dazu: „es ist ein Haut-Tumor seines Leibes.“ Ich werde die Krankheit behandeln durch Hitze auf die Blase vorn in seinem Leib, was bewirkt dass (wodurch) er (der Tumor) auf die Erde fällt; ist er so abgetrennt, so mach Du ihn warm, um gegen seinen Leib durchzustechen[6]); heile Du es wie der sa-ḥemem[4]) heilt.

Lehre vom Tumor am untern Theil seines Leibes.

Wenn Du einen solchen am untern Theil seines Leibes triffst, Wasser seines Leibes fliesst hervor, so sag Du dazu: „es ist Mangel an Lebenswirksamkeit[7]) im untern Theil seines Leibes.“

---

[1]) qaa = Nüsse ist nachträglich mit rother Dinte eingefügt.

[2]) D. h. er bewegt sich.

[3]) Sterns Glossar S. 23: „et est sine quiete, qua re motus fit“.

[4]) Metallmann; Lüring S. 55 „Ausbrennung mittelst eines glühenden Metallstabes“.

[5]) Oder Nabels.

[6]) Die Uebersetzung ist ganz unsicher!

[7]) Wörtlich: Mangel des obern (Lebens)hauches.

Ich werde die Krankheit durch Hitze auf die Blase behandeln; wenn Du dies gethan hast, behandle es mit einem Kupferinstrument (?); es (soll) nicht auf das mesàntef[1]) dringen; heile Du es wie der sa-ḥemem[2]) heilt.

Lehre vom Tumor, der den met[3]) ergreift[4]).

Wenn Du einen Tumor, der ein met ergriffen hat, triffst, er hat einen Tumor an seinem Leib gebildet; wenn Dein Finger es untersucht und es ist wie ein (harter) Stein unter Deinen Fingern, es ist verhärtet (?), so sag Du dazu: „es ist ein Tumor des met[3])." Ich werde die Krankheit mit dem Messer behandeln. Bepflastere es mit Fett, CVII, behandle es wie man eiternde Wunden in jedem beliebigen Körpertheil einer Person behandelt. CVII.

Lehre vom Fett-Tumor.

Wenn Du einen Fett-Tumor in einem beliebigen Körpertheil einer Person triffst und findest, dass es unter Deinen Fingern geht und kommt[5]), indem es zittert, (auch wenn) Deine Hand still ist, so sag Du dazu: „es ist ein Fett-Tumor." Ich werde die Krankheit behandeln. Behandle Du ihn (den Tumor) mit dem Messer, behandelt, wie man offene Wunden heilt.

Lehre vom Tumor des sa-Gliedes.

Wenn Du einen Tumor des sa-Gliedes in einem beliebigen Körpertheil einer Person triffst und findest davon einen oder mehrere, indem er wie seine Fleischhaut ist, die unter Deinen Fingern wächst, wenn er (auch) nicht gross ist; er nimmt zu und wird schlimmer in seinem Fleisch, so sag Du dazu: „es ist ein Tumor des sa-Gliedes." Ich werde die Krankheit behandeln. Behandle sie mit dem Messer, behandelt, wie man offene Wunden in jedem beliebigen Körpertheil einer Person heilt.

Lehre vom Eiter-Tumor.

Wenn Du einen Eiter-Tumor in einem beliebigen Glied einer Person triffst und findest die Spitze davon erhöht, begrenzt und mit rundlicher Form, so sag Du dazu: „es ist ein Eiter-Tumor, der in seinem Fleisch umläuft." Ich werde die

---

[1]) Aegyptisch: mesàntef nach Lüring S. 67 „Samenleiter"; ich denke an den Ureter.

[2]) Cfr. S. 190 Anm. 4.

[3]) Cfr. S. 136 Anm. 2.

[4]) Aegyptisch: sefet; der Stamm sef nach Brugsch Wört. VII. 1045 „sich ergiessen, reiben, abschaben".

[5]) D. h. er bewegt sich.

Krankheit mit dem Messer behandeln. Es ist etwas wie Milchsaft darin, danach kommt etwas (Hässliches) heraus wie Wachs, es ist sackförmig[1]); wenn etwas in seinem Sacke übrig bleibt, so rollt es herum.

Lehre vom Haar-Tumor.

Wenn Du einen Haar-Tumor triffst und findest ihn mit rundlicher Form, erweicht, und seine Substanz wächst; ich werde die Krankheit mit dem Messer behandeln; es sieht aus wie ein Eiter-Tumor mit Knötchen[2]).

Lehre vom Tumor der uχedu.

Wenn Du einen Tumor der uχedu im Kopf triffst, ...[3]) und findest, dass er Flüssigkeit producirt, dass er unter Deinen Fingern, die ruhig gehalten werden, gewachsen ist, und dass er erweicht ist, wenn er (auch) nicht gross ist, so sag Du dazu: „es ist ein Tumor der uχedu im Kopf .....[3]).“ Ich werde die Krankheit behandeln. Behandle sie mit dem Messer, aber pass auf, dass Du das Gefäss meidest. Es fliesst etwas
CVIII. daraus wie Kuchenwasser; es ist eine zottige Hülle darauf (festgebunden); lass nicht etwas davon darin zurück, lass es nicht herumlaufen; heile es sowie man eine offene Wunde heilt in jedem Körpertheil einer Person (durch) Umhüllen und Heilen der metu[4]); die Flecken, die eine Person bekommt, lassen es aufschwellen und vertreiben es nachher[5]).

Lehre vom Tumor der metu[4]).

Wenn Du einen Tumor der metu in irgend einem beliebigen Körpertheil einer Person triffst und findest ihn von rundlicher Form, unter Deinen Fingern im Gehen gewachsen und gegen sein Fleisch ausgebreitet[6]); er ist nicht gross und hebt sich nicht, so sag Du dazu: „es ist ein Tumor des met[4]).“ Ich werde die Krankheit behandeln. Die metu[4]) bewirken es, und sie wird dann dabei zum Stich um den met[4]). Behandle Du ihn mit dem Messer und brenne aus mit Feuer, dass es nicht stark blutet. Heile Du es wie der sa-ḥemem[7]) heilt.

---

[1]) Aegyptisch: temamut; Brugsch Wört. VII. S. 1328: „sackförmige Umhüllung“; Lieblein: „es ist zottig“.

[2]) Lüring S. 56.

[3]) Unsichere Stelle.

[4]) Cfr. S. 136 Anm. 2.

[5]) Die Uebersetzung ist nicht ganz sicher.

[6]) Aegyptisch: fur; Brugsch Wört. V. S. 511 „schwanger sein, fruchtbar sein“.

[7]) Cfr. S. 190 Anm. 4.

Lehre vom Tumor der metu[1]).

Wenn Du einen Tumor der metu[1]) im Innern irgend eines Gliedes triffst, er wächst und (Du) siehst, dass er sich in Schlängeleien windet, indem er viele Erhöhungen macht, und diese sind wie Dinge vom Winde bewegt; so sag Du dazu: „es ist ein Tumor der metu[1]).“ Nicht stosse Du einen Stoss[2]) abermals, (denn) dieses sticht das Glied durch seinen Stoss. Mach Du und pflege die metu[1]) in jedem beliebigen Glied einer Person.

Seine Zauberworte sind in Wahrheit:

. . . .[3])

Zu sprechen viermal des Morgens.

Lehre vom Tumor des Gottes χensu.

Wenn Du einen grossen Tumor des Gottes χensu in einem beliebigen Glied einer Person triffst, er ist widrig und lässt viele Pusteln hervortreten; es entsteht etwas darin wie wenn Wind darin wäre, er bewirkt Stiche; der Tumor, er ruft mit lauter Stimme zu Dir: ist er nicht wie die widerlichste der Pusteln? er CIX. macht (die Haut) bunt und macht Figuren, CIX.
alle Glieder sind wie die, welche belastet sind. Sag Du dazu: „es ist ein Tumor des Gottes χensu.“ Thu Du garnichts dagegen[4]).

Lehre von den Pusteln in jedem Glied einer Person.

Wenn Du den Pustel-Tumor[5]) in einem beliebigen Glied einer Person triffst; Du lässt ihn bestreichen und findest, dass er geht und kommt[6]) und das Fleisch, das darunter ist, überzieht, so sag Du dazu: „eine Eiterung der Pusteln“[7]). Brauch Du dagegen das Messer, durchbohre mit dem Messer, bearbeite mit dem hennuḥ-Thier, bearbeite das, was im Innern desselben ist, mit dem hennuḥ-Thier; schneide Du ihn mit dem Messer,

---

[1]) Cfr. S. 136 Anm. 2.

[2]) Das Wort ā kann auch die Bedeutung „Stoss, coup“ haben; cfr. Maspero in Pierrets Vocabulaire S. 60. Die Bedeutung ist vielleicht: mach keine neue Operation. L.

[3]) Diese Zauberworte sind dunkel; es soll deshalb eine Uebersetzung unterbleiben; überhaupt haben ja derartige Formeln wohl kaum einen für uns fasslichen Sinn. L.

[4]) Hier ist mit schwarzer Dinte „res“ eingeschoben.

[5]) Hier fehlt das Determinativ.

[6]) D. h. er bewegt sich.

[7]) Brugsch Wört. VII. S. 1377 „dass der Ausbruch der Pocken eingetreten ist“.

es ist Grosses darin, es ist etwas darin wie menter der Maus; schneide es uàat[1]), führe herbei diese àderu, die auf seiner Seite sind, bedecke den Körper mit šas (Schnitten?), bearbeite mit 1 hennu-Gefäss von Zwiebeln ....[2]).

Lehre vom sefet[3]) in jedem Glied.

Wenn Du ein sefet[3]) des met[4]) in irgend einem Glied triffst und findest es θemes[5]) in rundlicher Form mit seχ[6]) von Holz in Folge von Verletzungen[7]) von allerhand Dingen in jedem Glied, es macht 7 Erhöhungen, so sag Du dazu: „es ist ein sefet[3]) des met, eine Verletzung des Gefässes hat es bewirkt.“ Behandle Du es mit dem Messer, bestehend aus einer Binse, die zum Messer gemacht ist (?)[8]). Wenn es gross ist und blutet, so brenne Du es mit Feuer und heile es, wie der saḥemem[9]) heilt.

Wenn Du im Innern eines beliebigen Gliedes viele Schlängeleien und Hindernisse[10]) beim Athmen findest, so ist es eine Verunreinigung des met[4]); nicht stosse Du einen Stoss abermals[11]). Alles dieses ist der Kopf zu der Erde (gewendet)[12]).

Lehre von den Pusteln des Schnittes des Gottes χensu.

Wenn Du die Pusteln des Schnittes des Gottes χensu in irgend einem Glied einer Person triffst und findest seinen obern Theil richtig und seinen untern Theil in Ordnung, seine beiden
CX. Augen sind grün und abgemattet, CX., sein Fleisch ist darunter (dabei) brennend oder kämpfend[13]), es ist (wie) eine Quetschung

---

[1]) Vielleicht „los?“; cfr. Brugsch Wört. V. S. 300 „loslösen“.
[2]) Die Uebersetzung ist unsicher!
[3]) Zu ergänzen des met; nach Brugsch „hinschmelzen, zerreiben“; vielleicht: „Lehre vom Hinschmelzen (zerfressen werden) des met in jedem Glied“.
[4]) Cfr. S. 136 Anm. 2.
[5]) Die Uebersetzung ist zweifelhaft; Brugsch Wört. IV. S. 1584 „Tafel, auf der man schreibt“; Sterns Glossar S. 50 „constituere“?
[6]) Aegyptisch: seχ; Brugsch Wörterb. III. S. 1286 „Wunde, Schlag“.
[7]) Aegyptisch: seqeru; Brugsch Wört. VII. S. 1139 „Schläge“.
[8]) Die Uebersetzung ist unsicher!
[9]) Cfr. S. 190 Anm. 4.
[10]) Die Uebersetzung ist unsicher!
[11]) Cfr. S. 193 Anm. 2.
[12]) „Verkündet den Tod?“ L.
[13]) „Aufgezehrt?“

und Du findest in seinen beiden Achseln, in seinen beiden Armen, in seinen beiden Hüften und in seinen beiden Beinen Eiter (darin), dann mach gar nichts dagegen. Aber wenn Du dieselbe findest wie ein oder die andre Wundkruste nach Quetschung an der Brust, an den Papillen, an jedem beliebigen Glied, und es geht und kommt [1]) und fliesst unter Deinem Finger und sondert Flüssigkeit auf der Oberfläche ab, so sag Du dazu: „es ist auf der Hand (es ist offenbar)." Mach Du ihm folgende Mittel es zu vertreiben:

Wespenexcremente, Weizenmehl, Natron, Mehl von pesen [2]), Bohnen, Collyrium, Oel, giessen in āmamu-Samen, nicht Wasser darauf thun, die Mittel zur Heilung brauchen.

[1]) D. h. bewegt sich.

[2]) Brugsch Wört. VI. S. 489 „Leinsamen?"

Register.

C.

D.

E.

J.

K.

N.

T.

U.

V.

W.

Z.

𓄿 = A.

𓇋 = Á.

𓂝 = Ā.

𓇌 = J.

𓅱 = U.

𓃀 = B.

 = s.

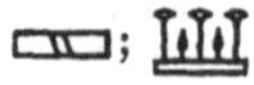 = š.

 = D.

 = T'.

Berichtigungen.

Seite	13.	Z. 18	von	unten	lies	Datteln von der weiblichen Palme.
„	15.	Z. 14	„	„	„	ta-Brod.
„	16.	Z. 10	„	oben	„	šut-Pflanze des Südens.
„	41.	Z. 17	„	„	„	uat'-Krankheit.
„	43.	Z. 2	„	„	„	uat'-Krankheit.
„	64.	Z. 1	„	unten	„	Brugsch. Wört. Bd. VII. S. 1311. statt Lüring. S. 60.
„	67.	Z. 2	„	„	„	0,456 Liter statt 0,465 Liter.
„	77.	Z. 17	„	oben	„	einen statt ein.
„	90.	Z. 13	„	unten	„	ḥunnut-Metall.
„	103.	am Rand lies LXV. statt XLV.				
„	129.	Z. 17	von	unten	lies	äaget-Öl.
„	150.	Z. 4	„	oben	„	sešsaït-Körner.
„	187.	Z. 16	„	„	„	Halse statt Hals.
„	189.	Z. 1	„	„	„	erweicht statt erreicht.
„	189.	Z. 13	„	unten	„	gedauert statt bedauert.
„	199.	Z. 6	„	„	„	χra-Fisch.

FSC
www.fsc.org
MIX
Papier | Fördert gute Waldnutzung
FSC® C083411

Kolibri 360 GmbH
Ferdinand-Jühlke-Straße 7
99095 Erfurt, Deutschland
produktsicherheit@kolibri360.de